U0175146

高空气象观测系统技术保障手册

主编：陈亚军　　重　阳

气象出版社
China Meteorological Press

内 容 简 介

本书以我国实际气象探空业务为主线,紧密联系气象技术装备保障工作实际,总结高空气象技术装备保障工作经验,具体介绍目前我国普遍使用的 L 波段探空雷达系统的组成、基本原理、雷达各分系统及功能检查、常规维护和标定方法、常见故障维修方法及故障原因分析、应急故障维修与案例、主要集成电路功能及电路板参数测试、雷达附属设备的工作原理及操作方法等内容,理论联系实际,实操性强。

本书可作为培训机构、高等院校相关专业的学习教材,也可供高空气象探测业务操作人员和雷达技术保障人员参考使用。

图书在版编目（ＣＩＰ）数据

高空气象观测系统技术保障手册 / 陈亚军，重阳主编. -- 北京 : 气象出版社，2022.1
ISBN 978-7-5029-7645-3

Ⅰ．①高… Ⅱ．①陈… ②重… Ⅲ．①气象观测－技术手册 Ⅳ．①P412.2-62

中国版本图书馆CIP数据核字(2022)第011883号

高空气象观测系统技术保障手册

Gaokong Qixiang Guance Xitong Jishu Baozhang Shouce

出版发行：气象出版社
地　　址：北京市海淀区中关村南大街 46 号　　**邮政编码**：100081
电　　话：010-68407112(总编室)　 010-68408042(发行部)
网　　址：http://www.qxcbs.com　　**E-mail**：qxcbs@cma.gov.cn
责任编辑：黄海燕　　　　　　　　　　**终　　审**：吴晓鹏
责任校对：张硕杰　　　　　　　　　　**责任技编**：赵相宁
封面设计：艺点设计
印　　刷：三河市君旺印务有限公司
开　　本：787 mm×1092 mm　 1/16　　**印　　张**：15.5
字　　数：397 千字
版　　次：2022 年 1 月第 1 版　　　　**印　　次**：2022 年 1 月第 1 次印刷
定　　价：90.00 元

编委会

主　　任：陈亚军

副 主 任：重　阳　　郭海平　　张平贵

编　　委：王庆有　叶　飞　李林蔚　王志伟　刘　方　　陈利华

编写组

主　　编：陈亚军　重　阳

副 主 编：郭海平　王庆有　叶　飞　李林蔚　王志伟

撰 稿 人：弓宇恒　陈利华　刘　方　李　磊　杨　贵　　王　盈　陈士英　崔玉阳　陈　杰　王　敏　　呼　群　王海平　赵晓杰　陆万孝　郝文强　　田　泓　陆　达　刘　燕

前　言

为适应气象现代化建设的发展需求，落实中国气象局《综合气象观测系统发展规划（2014—2020年）》及《中国气象局关于加强气象观测技术装备保障业务发展的意见（气发〔2013〕118号）》文件精神，持续、稳步、有效地推进气象技术装备保障业务规范化、流程化、标准化建设已成为气象基本业务建设的一项重要内容。高空气象观测系统是大气综合探测系统的重要组成部分，其探测资料对于预报员分析天气形势、大气环流走向及灾害性天气预警等方面起着至关重要的作用。

本书以我国实际气象探空业务为主线，紧密联系气象技术装备保障工作实际，总结了高空气象技术装备保障工作经验，具体介绍了目前我国普遍使用的L波段探空雷达系统的组成、基本原理、雷达各分系统及功能检查、常规维护和标定方法、常见故障维修方法及故障原因分析、应急故障维修与案例、主要集成电路功能及电路板参数测试、雷达附属设备的工作原理及操作方法等内容。本书各章节分别针对实际业务应用重点环节进行介绍，深入浅出，简单易懂，理论联系实际，实操性强，可作为培训机构、高等院校相关专业的学习教材，也可供高空气象探测业务操作人员和雷达技术保障人员参考使用。

本书共两大部分，分为9章，由陈亚军、重阳组织编写。第1章主要由陈亚军、郭海平、重阳、王庆有、李林蔚等编写，叶飞、王志伟、陈利华、李磊、王盈、刘燕等参与编写；第2章主要由陈亚军、郭海平、重阳、王庆有、叶飞、王志伟等编写，弓宇恒、陈利华、刘方、李林蔚、王盈、赵晓杰等参与编写；第3章主要由陈亚军、郭海平、重阳、王庆有等编写，叶飞、李林蔚、陈利华、王志伟等参与编写；第4章主要由陈亚军、郭海平、重阳、王庆有、王志伟、叶飞等编写，李林蔚、刘方、陈利华、陈士英、弓宇恒、李磊等参与编写；第5章主要由陈亚军、郭海平、重阳、王庆有、王志伟、李林蔚、刘方等编写，叶飞、陈利华、杨贵、李磊、崔玉阳等参与编写；第6章主要由陈亚军、郭海平、重阳、王庆有等编写，李林蔚、刘方、王志伟等参与编写；第7章主要由陈亚军、郭海平、重阳、王庆有等编写，陈利华、陈杰、李林蔚、刘方、李磊等参与编写；第8章主要由陈亚军、郭海平、重阳、王庆有等编写，叶飞、王志伟、李林蔚、刘方、弓宇恒等参与编写；第9章主要由陈亚军、郭海平、重阳、王庆有等编写，陆万孝、王敏、呼群、陆达、田泓、王海平等参与编写。

本书在编写过程中得到了高空气象观测和技术保障相关专家的大力支持，在此向他们表示感谢。由于编写时间及编写人员水平有限，书中难免会有不足和尚需完善之处，欢迎广大读者提出宝贵意见。

作者

2021年10月

目　录

第2部分　高空气象观测附属设备工作原理及操作方法

第1部分

L波段探空雷达技术保障

第1章 探空雷达概述

GFE(L)1型二次测风雷达(简称"L波段探空雷达")用于高空大气的综合性探测,它与数字式电子探空仪相配合,能够测定高空风向、风速、气温、气压、湿度五个气象要素,为气象预报和气象服务提供准确的高空气象资料。

1.1 雷达组成

图1.1是L波段探空雷达的整机布局图。室外部分称为天线装置,由撑脚、天线座、立柱、俯仰减速箱、天线阵、和差箱、近程发射机(俗称"小发射机")、摄像机等组成。室内部分由主控箱、驱动器、示波器、终端计算机、UPS电源等组成。

L波段探空雷达室外电缆布局为:上、下、左、右电缆(WT1-WT4);近程发射机到小天线电缆(WT5);和差箱到近程发射机电缆(WT6);和差箱到摄像机电缆(WT7);从和差箱通过天线立柱到高频旋转关节的50欧姆高频电缆(WT8);和差箱到汇流环传输程序方波、摄像机、小发射机的信号和供电电缆(WT9);俯仰减速箱到汇流环为俯仰同步机供电和传输数据、俯仰限位电缆(WT10);俯仰减速箱到汇流环传输俯仰电机控制信号电缆(WT11);天线底座至主控箱和驱动箱电缆(W1-W6(XS7-XS12))。

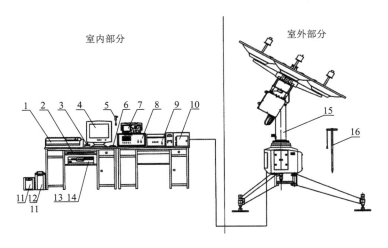

1. 打印机;2. 键盘;3. 控制盒;4. 显示器;5. 亮度控制盒;6. 鼠标;
7. 示波器;8. 主控箱;9. 驱动箱;10. 基测箱;11. UPS电源;12. 蓄电池;
13. 计算机主机;14. 彩色视频采集卡;15. 天线装置;16. 地线桩
图1.1 L波段探空雷达整机布局图

1.1.1 室外部分及所含器件

室外部分及所含器件见图1.2至图1.7。

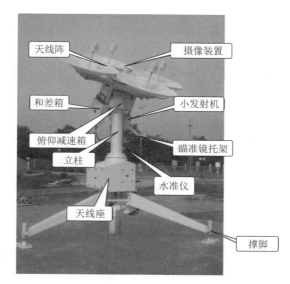

图 1.2　天线装置组成

图 1.3　俯仰减速箱、俯仰同步机

图 1.4　俯仰传动

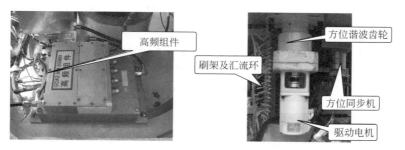

图 1.5　高频组件、天线座内部器件

图 1.6　大发射机、高频旋转关节

图 1.7　近程发射机

1.1.2　室内部分及所含器件

室外部分及所含器件见图 1.8 和图 1.9。

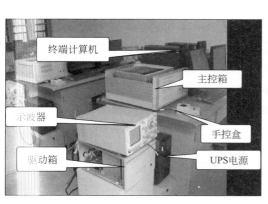

图 1.8　室内部分

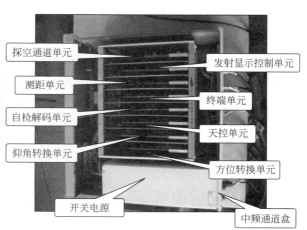

图 1.9　主控箱

1.2 基本原理

1.2.1 测风原理

L 波段探空雷达是利用跟踪数字式电子探空仪进行测风。探空气球携带探空仪升空,雷达在地面向探空仪发出"询问信号",探空仪立即发回"回答信号"。根据每一对询问与回答信号之间的时间间隔和信号来向,可测定每一瞬间探空仪在空间的位置,即探空仪离雷达站的直线距离、方位角和仰角。根据不同瞬间探空仪在空间位置的变化,即可计算出不同高度上的风向和风速。

同时,雷达通过实时接收探空仪发射的射频信号,便可获得空中不同高度的温度、气压、湿度数据。

图 1.10　测距原理示意图

1.2.2 测距原理

L 波段探空雷达的测距原理如图 1.10 所示,从雷达天线发射的"询问信号"即发射脉冲到达探空仪,探空仪立即产生一个"回答信号"被雷达天线所接收。根据信号从雷达到探空仪往返时间的一半乘以信号的传播速度,就可得出探空仪与雷达之间的直线距离。假设信号的传播速度为 C,测定的时间为 Δt,则所求的距离 D 可用下式计算:

$$D = 1/2 \Delta t \cdot C$$

信号在空间的传播速度相当于光速,即 $C = 3 \times 10^5$ km/s,Δt 通常用微秒计算($1~\mu s = 10^{-6}$ s),即每微秒的速度为 $C = 0.3$ km/μs,则计算距离为 $D = 0.15 \Delta t$。

L 波段探空雷达计时任务由计数器完成,计数器在发射脉冲起始点(即发射脉冲的前沿)开始计数,在接收到"回答信号"时停止计数,所得计数值乘以被计脉冲的周期即得需要测定的 Δt。根据测定的 Δt,可直接计算出探空仪的距离。

1.2.3 测角原理

如果雷达天线方向正对探空仪,由于探空仪发出的射频信号到达上下左右天线的路程相等,则无相位差,即角误差为零,在示波器上可以看到等高的四条亮线。如果天线没有对准探空仪,例如天线方向偏左或偏右了一个角度,则因到达左右两个天线的射频信号有相位差,即产生角误差,在示波器上可以看到两根代表方位的亮线不一样长。

探测过程中,只要转动天线,使示波器上的四条亮线始终保持两两等高(上和下、左和右分别对齐),即表示雷达天线对准了探空仪。

1.3 信号流程

1.3.1 发射信号流程

测距单元发出发射触发信号,触发大发射机发出 1675 MHz 射频信号经和差箱至雷达天线,具体发射信号流程如图 1.11 所示。

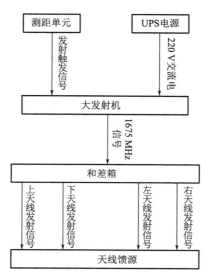

图 1.11　发射信号流程

1.3.2　接收信号流程

探空仪发出的射频信号由天线接收,经过和差箱将四路信号调制为和信号,并送到高频组件,经过高频组件放大、滤波、混频、中频放大后,经过 50 m 电缆送到中频通道盒,中频通道盒将信号分为两路(图 1.12)。

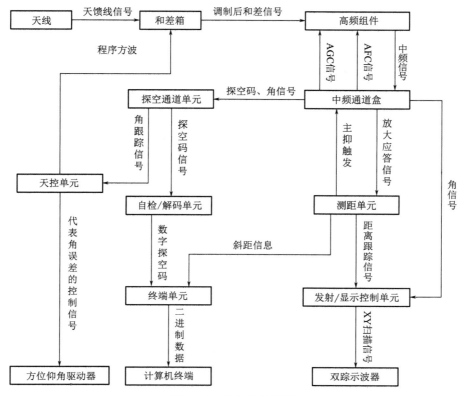

图 1.12　接收信号流程

其中一路为探空码和角信号,送到探空通道单元,探空通道单元经过解调后将信号送到天控单元,控制天线转动;探空码信号经过自检/译码单元送到终端单元,由终端单元送到计算机。

另外一路回答信号,送到测距单元形成距离跟踪信号,再送到发射显示单元,最终送到示波器,同时将斜距信息经过终端单元,通过计算机显示出来;中频通道盒将角信号送到发射/显示单元,在示波器上显示测距凹口。

1.4 技术指标

L波段探空雷达技术指标见表1.1。

表1.1 L波段探空雷达整体技术指标

各项指标	技术指标
接收机工作频率	(1675±6)MHz
发射机触发脉冲重复频率	600 Hz
发射机触发脉冲宽度	(0.8±0.2)μs
大发射机峰值功率	≥15 kW
波瓣宽度	垂直波瓣≤6° 水平波瓣≤6°
作用距离	最大:200 km 最小:≤100 m
测距精度	斜距误差:≤20 m
探测高度	25~30 km
测角范围	方位角0°~360° 俯仰角−6°~＋92°
测角精度	方位角(6°以上)≤0.08° 俯仰角(6°以上)≤0.08°
工作条件	连续工作时间8 h;8级风仍能工作
整机功耗	≤1 kW
断电保障	确保断电20 min内探空记录不中断

L波段探空雷达整机框图见图1.13。

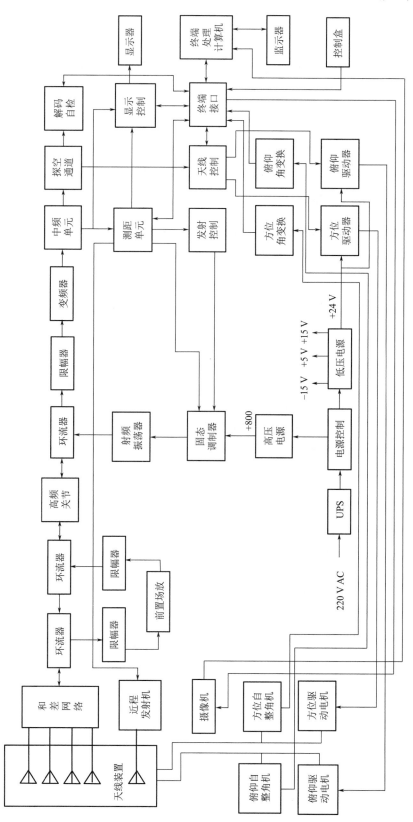

图 1.13 雷达整机框图

第 2 章 雷达分系统及功能检查

L 波段探空雷达共有十个分系统:天馈线分系统、发射分系统、接收分系统、测距分系统、测角分系统、天控分系统、终端分系统、自检/译码分系统、发射/显示分系统、电源分系统。

2.1 天馈线分系统

该分系统是将发射机产生的高频电磁波有效地传输到天线,由天线向空间辐射,同时将探空仪发回的射频信号由天线接收并传输到接收分系统。

2.1.1 基本原理

天馈线分系统主要由天线和馈线两部分组成。天线是将传输线送来的射频电磁能集中成束地向空中定向辐射,使雷达准确地测出探空仪的斜距,并接收探空仪发回的射频脉冲信号。馈线的任务是将发射机来的射频电磁能有效地送到天线,并将天线接收到的高频脉冲信号有效地送到接收分系统。

L 波段探空雷达的天线由四面口径为 Φ0.8 m 抛物面天线组成,空间分布为正方形,由天线驱动和传动装置控制,作方位和俯仰转动。馈线由可调移相器、和差环、调制环、高频旋转关节、环行器、限幅器等组成。为弥补雷达天线损耗,在和差箱内设置一个前置高放,为保护前置高放增加两个环形器和两个限幅器。为了阻抗匹配,又增加一个隔离器。其组成框图如图 2.1 所示。

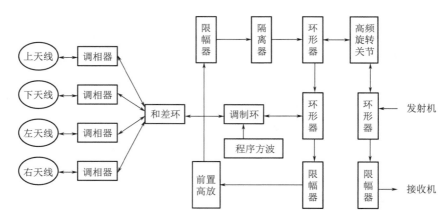

图 2.1 天馈线分系统方框图

和差箱内和差环和调制环的作用是将天线所接收的四路信号叠加得到和信号,将目标偏离天线而形成的角误差提取出来,得到角误差信号,并按 50 Hz 的速率将角误差信号调制到和信号上,见图 2.2 和图 2.3。

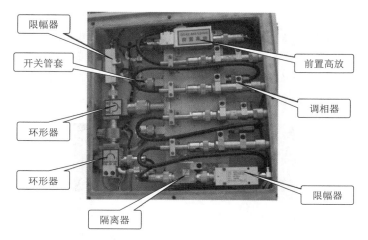

图 2.2　和差箱内部位置图

图 2.3　开关管套、微波二极管

2.1.2　主要技术指标

天馈线分系统主要技术指标见表 2.1。

表 2.1　天馈线分系统主要技术指标

各项指标	技术指标
接收机工作频率	(1675 ± 6) MHz
波瓣宽度	$\leqslant6°$
副瓣电平	$\leqslant-18$ dB
交点电平	0.8 ± 0.05
电轴斜率	$\geqslant30\%/°$
天线增益	$\geqslant27$ dB
驻波比	$\leqslant1.5$
馈线损耗	$\leqslant5$ dB

2.1.3 功能检查

该分系统的功能检查主要是通过四条亮线、接收信号和光电轴一致性是否正常来判断。日常检查方法:无信号时,示波器四条亮线基本平齐(图 2.4),放球软件增益指示在 110 左右;放球时,天控处于自动跟踪状态,四条亮线平齐;在每秒坐标曲线上,方位仰角曲线平滑,毛刺较少。否则可能是天馈线分系统发生故障。

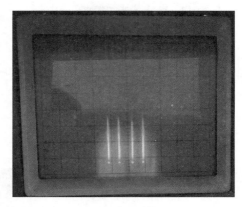

图 2.4　毛草信号

2.2　发射分系统

发射分系统是在测距分系统送来的发射触发脉冲控制下,定时地产生高频脉冲,通过天线向空间辐射,作为对探空仪的询问信号。

2.2.1　基本原理

2.2.1.1　远程(大)发射机基本原理

发射分系统主要由固态调制器、超高频振荡、交流电源等几部分组成,实物见图 2.5,组成框图见图 2.6,各级波形见图 2.7。

图 2.5　远程发射机实物图

(1)调制器

调制器的作用就是形成宽度为 $0.8~\mu s$、幅度为 $800~V$ 的高压脉冲,主要由 $800~V$ 直流高压

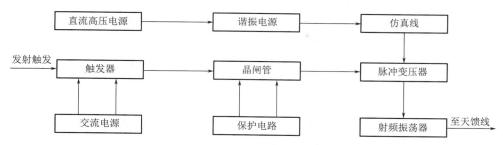

图 2.6　远程发射机组成框图

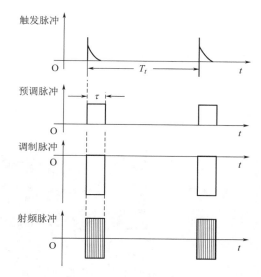

图 2.7　发射机各级波形

电源、仿真线、晶闸管、脉冲变压器和脉冲触发电路组成,见图 2.8。

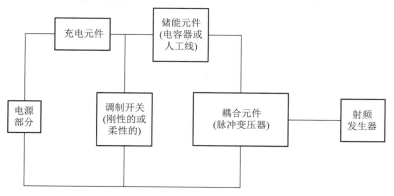

图 2.8　脉冲调制器组成框图

调制器的工作可分为两个过程:充电和放电。

充电是在通电后,220 V 交流电压经电源变压器变压,全波整流,π 型 LC 滤波器输出 800 V 直流高压。充电方法采用直流谐振式充电。发射触发脉冲送来之前,直流高压对仿真线电容器充电,当仿真线上的电容器充满达到直流高压 EC＝800 V 时,串接在充电支路中的充电电感将所贮存的能量又继续向仿真线电容器释放,仿真线电容器获得第二次充电(串接在充电支路中的二极管起着防止充电电感产生反向电流的作用),使仿真线电容器的电压达最大后维持不变,等待放电。由于调制脉冲占空比很大,约 2000：1,因此谐振充电时间很充足,足以使仿真线上电容器两端电压 UC 充到直流高压的两倍,即

$$UC＝EC×2＝800×2＝1600 \text{ V}$$

放电是在发射触发脉冲到来时,按 600 Hz 的重复频率去触发晶闸管,晶闸管迅速导通,仿真线电容两端的电压通过晶闸管脉冲变压器初级放电。由于仿真线的特性阻抗 ρ 与负载 RC 匹配相等,则在脉冲变压器初级两端获得幅度为 1/2UC＝EC＝800 V 的脉冲电压。放电时,仿真线始端电压跳变为负,电压立即从始端向终端传输,电压经 0.4 μs(由仿真线参数决定)延时到达终端,由于仿真线终端开路,电压到达仿真线终端后,又经 0.4 μs 延时返回到始端,至此放电结束。在脉冲变压器初级就获得 0.8 μs,幅度为 800 V 的矩形脉冲即调制脉冲。

(2)超高频振荡器

该部分主要由磁控管构成,调制脉冲经脉冲变压器升压后可达数千伏,这个脉冲高压直接加到磁控管阴极激励磁控管,产生 1675 MHz 超高频振荡,磁控管实物见图 2.9。

图 2.9　远程发射机磁控管

(3)电源

220 V、50 Hz 交流电压经电源变压器后有两组输出,一组输出为半压,两组同时输出为全压,并且该电源独立,专供本系统调制器和超高频振荡器使用。

发射机作为一个独立分机置于室外天线座内,检查、维修时,应提前将连接电缆断开,否则容易将电缆拉断。

2.2.1.2　近程(小)发射机基本原理

为了达到最近测距距离小于 100 m 的指标,L 波段探空雷达设置了近程全固态发射机。其采用全固态晶体管作为放大器,实现了发射机系统模块化,提高了可靠性和可维护性。由于采用了多个固态放大器功率组件合成大功率输出,个别组件发生故障对整个发射输出功率无影响,整个发射系统仍能工作。

近程发射机的发射脉冲功率为 1.5 W,为避免其载波泄漏对接收机的影响,将载波频率设置为 1686 MHz,即使探空仪距天线几十米,也能在示波器上看到应答信号的回波凹口。由于

功率小,作用距离有限,在整机工作中距离超过 1 km 时,终端自动将其关闭,同时将远程发射机打开。其框图如图 2.10 所示。

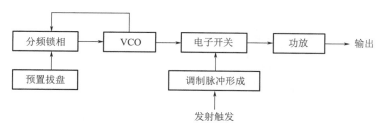

图 2.10　近程发射机框图

近程(小)发射机的载频调整方法是,将其盒盖打开,拨动频率预置拨码开关(图 2.11),开关位置与载频频率的对应关系如表 2.2 所示。开关位置"ON"为 0,1686 MHz 是常用工作频率。近程发射机体积和重量都较小,置于天线左侧近程发射机箱内,其发射天线为一个四单元的八木振子天线,固定在左单元天线上,实物见图 2.12。

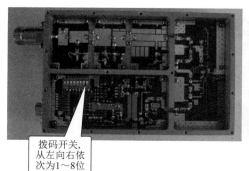

图 2.11　近程发射机内部电路

表 2.2　工作频率置定表

工作频率 (MHz)	拨盘开关位置							
	1	2	3	4	5	6	7	8
1656	0	0	0	1	1	1	1	0
1661	1	0	1	1	1	1	1	0
1666	0	1	0	0	0	0	0	1
1671	1	1	1	0	0	0	0	1
1676	0	0	1	1	0	0	0	1
1681	1	0	0	0	1	0	0	1
1686	0	1	1	0	1	0	0	1
1691	1	1	0	1	1	0	0	1

图 2.12 近程发射机天线

2.2.2 主要技术指标

发射分系统主要技术指标如表 2.3 所示。

表 2.3 发射分系统主要技术指标

	可设置工作频率	触发脉冲重复频率	触发脉冲宽度	触发脉冲前沿	峰值功率
大发射机	（1675±6）MHz	600 Hz	（0.8±0.1）μs	≤0.12 μs	≥15 kW
小发射机	（1686−30＋5）MHz	600 Hz	0.8 μs	≤0.12 μs	≥1.5 W

2.2.3 功能检查

（1）远程（大）发射机

打开主控箱发射电源开关,约 3 min 以后,点击放球软件的高压按钮（图 2.13）。加上高压后放球软件左上角的磁控管电流表头应有指示,应在 2～3.5 mA。示波器在测距显示状态,应能看到大发射机主波,转动天线应能看到地物回波位置、幅度的变化,调整接收机频率,能看到地物回波幅度的变化（图 2.14）。

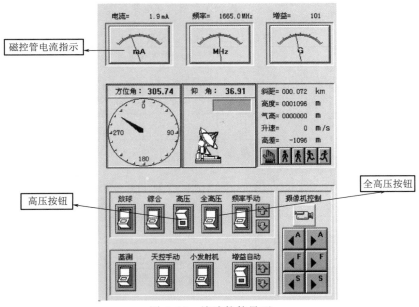

图 2.13 放球软件界面

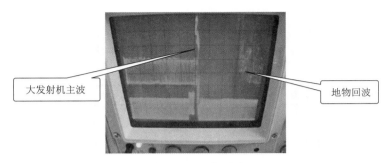

图 2.14　地物回波

如果以上检查无异常,则说明大发射机的功率、频率基本正常。

（2）近程（小）发射机

近程（小）发射机的检查与远程（大）发射机的检查类似,它的功率很小,只能看到主波,不能看到地物回波。近程（小）发射机无须预热,打开后即可看到主波（图 2.15）。

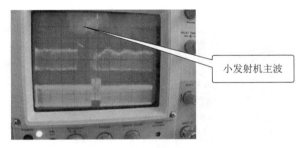

图 2.15　小发射机主波

2.3　接收分系统

2.3.1　基本原理

2.3.1.1　功能介绍

接收分系统是将天线所接收到的探空仪射频信号加以放大、变频、解调送到测距、天控分系统以完成测距和跟踪探空仪。此外,将探空仪发回的探空码解调出来,送到数据处理终端得到温、压、湿数据。同时,在测距分系统送来的主波抑制触发脉冲控制下,完成主波抑制功能以消除发射主波和近地回波对雷达接收信号的影响。该系统具有自动增益控制（AGC）和自动频率控制（AFC）功能,使系统增益和频率自动地随信号强度和频率而调整,始终保持雷达接收信号的良好状态。

2.3.1.2　系统组成

接收分系统由两部分组成,前端（室外）由前置高放和高频组件组成,后端（室内）由中频通道盒、探空通道板（11.1）组成,见图 2.16。

（1）前置高放

前置高放为低噪声场效应管放大器,设置的目的是弥补馈线损耗,其置于和差箱内（图 2.17）。

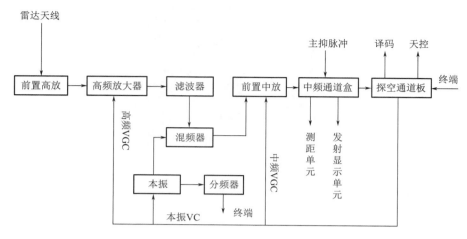

图 2.16　接收分系统组成框图

图 2.17　前置高放实物图

（2）高频组件

高频组件是由高频放大器（简称"高效"）、带通滤波器、本振、混频器、前置中频放大器（简称"前置中放"或"前中"）及分频器组成。本振、分频、混频、前置中频放大器都置于同一金属盒内，与高放、滤波器紧固在一起，高频组件实物见图 2.18 和图 2.19。

图 2.18　混频、前中、本振

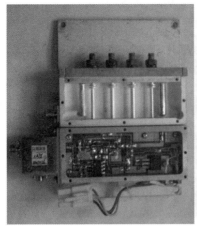

图 2.19　滤波器、高放、分频板

① 本振

本振为典型三点式振荡器,频率调整由变容二极管实现。振荡输出的信号经功率推动后送到混频器。本振频率调整由手动电压和鉴频电压共同控制,即手动电压和鉴频电压叠加形成本振控制电压。在实际操作中,频率控制在自动状态,手动电压也可以任意调整,直至信号最佳,本振电路见图 2.20。

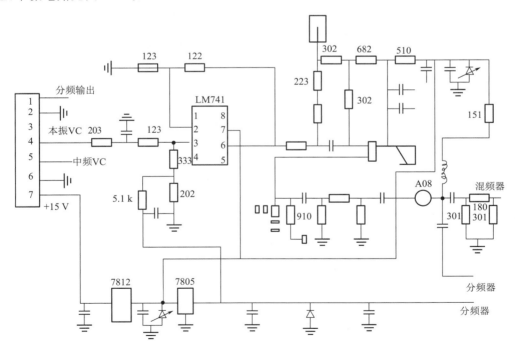

图 2.20　本振电路图

② 分频器

本振信号耦合出一部分信号送到分频器,分频器将 1645 MHz 本振信号分频至 25.1 kHz 的方波信号,经 50 m 电缆送到室内主控箱中的终端板(11-4 板)。终端板对其计

19

数再乘以分频数后送到雷达放球软件上显示出频率数值。分频器输出信号（DFO）见图2.21，电路见图2.22。

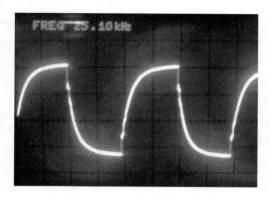

图 2.21　DFO 分频输出

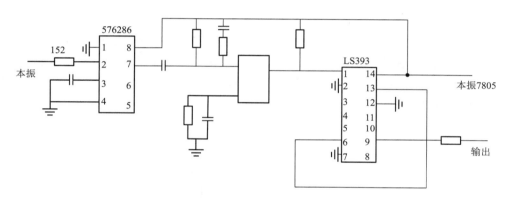

LM393：双路低压低漂移比较器　　　LS393：双四位二进制计数器

图 2.22　分频器电路图

③ 混频器

混频器采用双平衡混频器，具有较高的 P-1 电平和较低的变频损耗，混频输出信号经 30 MHz 滤波器后送到前置中频放大器。

④ 前置中频放大器

由二级单片放大器及一级可变增益放大器组成，其增益控制能力在 45 dB 以上，这样接收机的增益控制能力将大于 70 dB。

混频器和前置中频放大器电路见图 2.23。

⑤ 滤波器

高频带通滤波器采用腔体机械滤波器，作用是滤除工作频率以外的其他干扰，包括对镜像信号的抑制。结构上，为了减少连接，增加可靠性，高频放大器与滤波器固定在一个平面上，并用导线直接焊接。

⑥ 高频放大器

由于雷达所接收的信号动态范围较大，为了保证接收机线性，在高频放大器中设置了增益自动控制功能，由 PIN 管来实现，控制能力约为 25 dB。高频放大器电路见图 2.24。

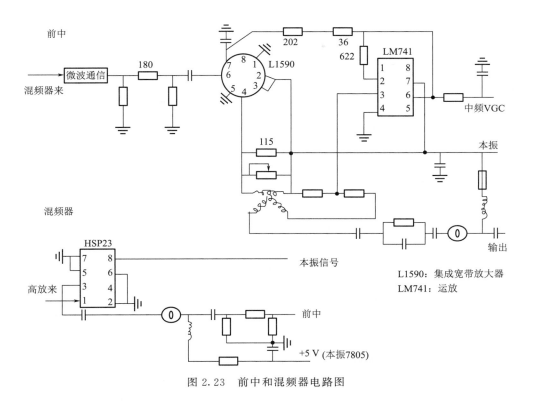

图 2.23　前中和混频器电路图

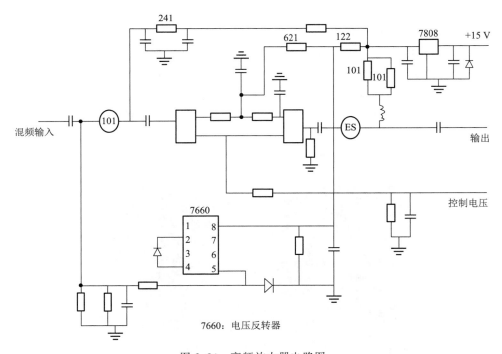

图 2.24　高频放大器电路图

⑦ 高频组件特性

高频组件特性见表2.4。

表 2.4　高频组件特性

接头	特性	说明
1	+15 V	电源
2	GND	地
3	AGC 自动增益控制	随着探空信号强弱,电压在 0～10 V 变化
4	AFC 自动频率控制	随着探空仪频率变化,电压在 5～9 V 变化,1675 MHz,一般指示 7 V
5	—	空头
6	GND	地
7	DFO 分频输出	当频率指示在 1675 MHz 时,应在示波器上有 25.1 kHz 脉冲波形

（3）中频通道盒

① 高频组件输出的中频信号经 50 m 电缆送至室内主控箱中的中频通道盒,经三级单片放大后,由功分器将信号分成两路。

一路为测距支路。信号被放大到一定电平后,解调出 800 kHz 视频脉冲（距离信号）,送到测距分系统完成测距功能,其幅度为 2～3 Vpp,同时再将此信号检波、放大后得到 AGC 检波电压,送到探空通道单元(11-1 板)。

一路为角支路。在此支路中信号被放大、鉴频后输出 AFC 鉴频信号。该支路中的中频信号还被分出一部分检波后输出角信号,两路信号都送到探空通道单元(11-1 板)。

② 由测距单元(11-3 板)送来的主波抑制触发脉冲形成主抑波门,控制距离支路和角支路上电子开关的导通和关断,使发射机工作期间开关断开,发射主波、近地物回波不会漏入相关电路,去除发射机主波和近地物回波对 AGC、AFC 及气象码解调造成的影响。在具体电路上距离支路中电子开关与信号路是并联的,关断时间为 200 μs,角支路中电子开关是串联的,关断时间为 50 μs。

中频通道盒实物见图 2.25、电路见图 2.26。

图 2.25　中频通道盒

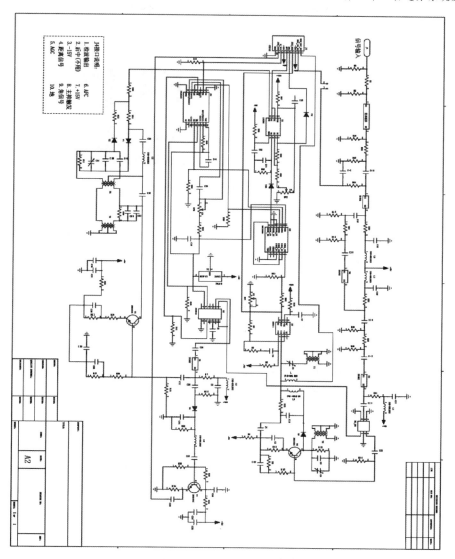

图 2.26　中频通道盒电路图

中频通道盒(XS3)输出特性见表 2.5。

表 2.5　中频通道盒(XS3)输出特性

接头	特性	说明
10	GND	地
9	角信号	连接在系统内不易检测
8	主抑触发	测距支路主抑宽度为 50 μs,解调为 200 μs
7	+15 V	电源
6	AFC 鉴频出	连接在系统内不易检测
5	AGC 检波出	连接在系统内不易检测

接头	特性	说明
4	距离信号	
3	−15 V	电源
2	后中增益控制	已取消不用
1	检波出	已取消不用

（4）探空通道单元（11-1 板）

① 中频通道盒送来的 AGC 检波电压经过放大、滤波、整形后形成高频 VGC 和中频 VGC 控制电压，分别送到高频组件的高频放大器和前置中频放大器，完成自动增益控制功能，使整个放球过程中输出信号电平不随探空仪的距离远近而产生变换，即保持输出电平稳定。

② 中频通道盒送来的 AFC 鉴频电压经过放大、滤波后形成本振 VC 控制电压，送到高频组件中的本振，消除由于探空仪频率漂移造成的失谐，使得中频频率始终保持为 30 MHz。接收机频率控制有两种状态，即自动和手动。在手动状态时，本振频率调整完全由人工控制，鉴频电压不起作用；自动状态时，本振频率调整由手动和鉴频电压共同控制，即手动和鉴频电压叠加形成本振控制电压。实际操作中，频率控制在自动状态，也可以任意调整手动电压，直至信号最佳。

③ 中频通道盒送来的角信号送入该单元 800 kHz 通道，经放大解调后得到气象码送到自检/译码单元。同时，角信号经过放大、滤波后形成角跟踪信号，从 800 kHz 通道输出，幅度为 2～3 Vpp，送到天控单元（11-6 板），此信号在放球过程中始终保持线性，不失真地将探空仪相对雷达的角度偏差反映出来。

④ 终端单元（11-4 板）送来的 MGC/AGC、MGC、MFC/AFC、MFC 电压信号，是控制雷达增益和频率自动/手动转换及手动时的控制电压。

探空通道单元实物见图 2.27、电路见图 2.28 至图 2.32。

图 2.27　探空通道单元

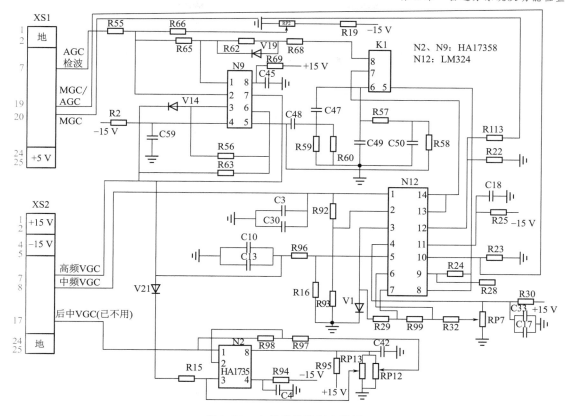

图 2.28 自动增益控制电路图

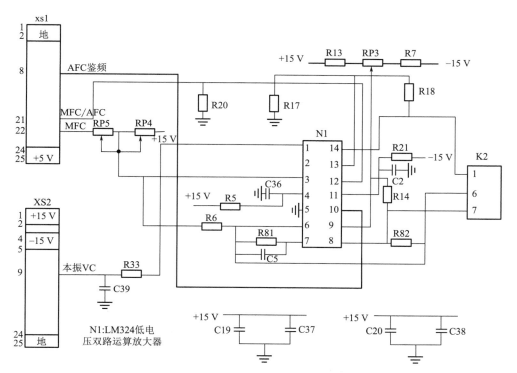

图 2.29 自动频率控制电路图

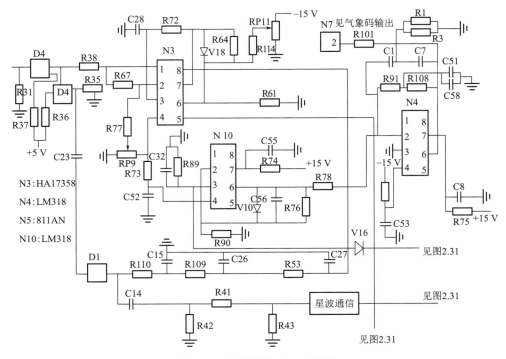

图 2.30　角信号处理 1 电路图

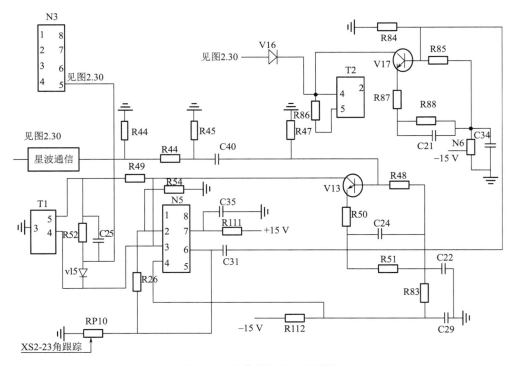

图 2.31　角信号处理 2 电路图

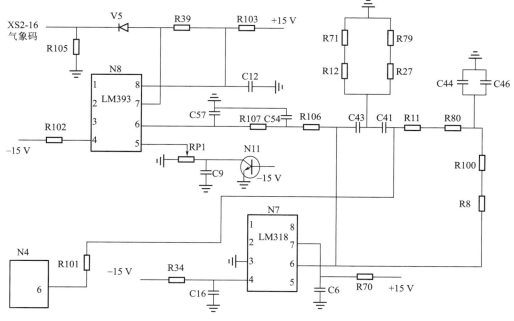

图 2.32　气象码输出电路图

（5）接收系统各器件在雷达中的位置

① 前置高放置于天线座和差箱内,前后分别装有限幅器及隔离器,用来保护前置高放及接收系统。

② 高频组件置于天线座内,前端接有限幅器和环流器。

③ 中频通道盒置于雷达主控箱内,前端通过 50 m 电缆连接高频组件,后端连接雷达主板。

④ 探空通道单元置于雷达主控箱内,编号为 11-1。

（6）接收机与雷达各分系统的关联

① 距离信号从中频通道盒输出直接送到发射显示板(11-2 板)作为距离跟踪显示信号,同时送到测距单元(11-3 板)作为距离自动跟踪回答信号。主波抑制触发脉冲从测距单元送来,实现抑制主波和近地物回波的目的。

② 终端单元(11-4 板)送来的 MGC/AGC、MGC、MFC/AFC、MFC 四路控制电压,实现由计算机放球软件控制雷达增益和频率自动/手动转换及手动时增益和频率的调节。

③ 高频组件中分频板输出的 DFO 信号直接送到终端单元,在计算机放球软件显示出接收信号的频率。

④ 探空通道单元(11-1 板)输出的探空码一路送到自检/译码单元(11-5 板),进一步进行容错处理。一路送到天控单元,以达到防止天线抖动的目的。

⑤ 探空通道单元(11-1 板)输出的角跟踪信号送到天控单元,以实现雷达自动跟踪探空仪的目的。

接收系统与其他系统联系示意图见图 2.33。

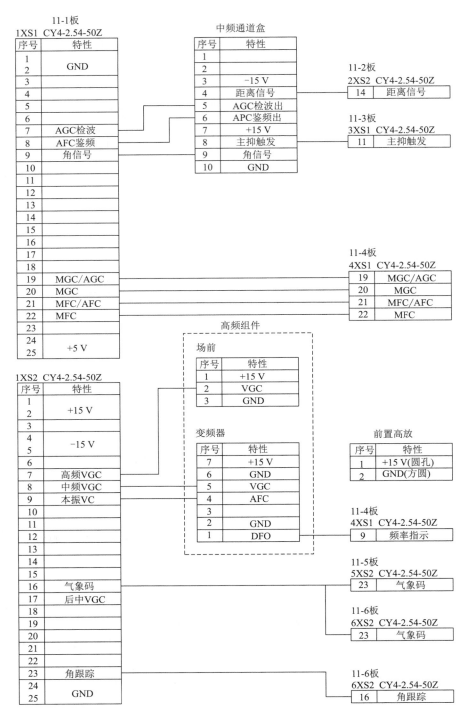

图 2.33　接收系统与其他系统联系示意图

2.3.2　主要技术指标

接收分系统主要技术指标见表 2.6。

表 2.6　接收分系统主要技术指标

指标	参数
工作频率	(1675 ± 6) MHz
本振频率	(1645 ± 6) MHz
灵敏度	$\leqslant-10^7$ dBm
系统带宽	2.7 MHz
总增益	$\geqslant110$ dB
AGC 控制能力	$\geqslant70$ dB
AFC 跟踪范围	(1675 ± 4) MHz
剩余误差(各次测量值与其算术平均值之差)	<0.5 MHz

2.3.3　功能检查

接收分系统是一个作用重要、组成复杂的分系统,它由多级级联而成,容易出现多种原因造成同一故障现象的情况,给故障排除带来困难;因为距离自动跟踪、天线自动跟踪、探空码自动录取所需的信号皆由它提供,信号质量的好坏直接影响雷达工作的质量。

接收机的检查可分为定性检查和定量检查。

2.3.3.1　定性检查

定性检查无须过多仪表即可大致判断接收机是否正常,其方法有以下几种。

(1)接收机增益及手动控制的检查

雷达开机后,接收机增益控制默认为"自动状态",将示波器置测角显示状态,探空仪没有加电时,示波器上能看到四条噪声亮线(亮线的上部较细),幅度约为 2 V(图2.34)。若将增益控制置"手动",点击放球软件增益"增加""减少"图标,则四条亮线的幅度应随之均匀变化。如果检查无异常,则说明接收机增益及手动控制基本正常。

(2)接收机频率控制的检查

将接收机频率控制置为"手动",将探空仪加电,点击频率"增加""减少"图标,能看到频率表头和增益表头的指示有相应的变化,当看到界面上的增益表头指示达

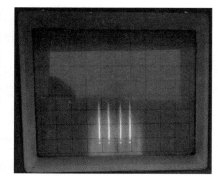

图 2.34　噪声亮线

到最小时,说明接收机已对探空仪信号调谐。在接收机调谐后,频率指示值应在 1675 MHz 左右,此时如果有意识地将接收机失谐(即将频率调离中心频率)$\pm(3\sim4)$ MHz,再将频率控制置为自动,应该看到频率指示仍能回到 1675 MHz 附近。如果检查无异常,则说明接收机频率控制正常(图 2.35)。

(3)接收机增益自动控制的检查

在上述(2)的基础上,转动天线,示波器上四条亮线的高低会发生变化,但平均幅度基本不变,则说明接收机的增益自动控制基本正常。

如果以上三项内容检查均无异常,则从定性的角度说明接收机是基本正常的。

2.3.3.2　定量检查

接收机的定量检查是在定性检查基本正常的前提下,进一步确认接收机是否处于最佳工

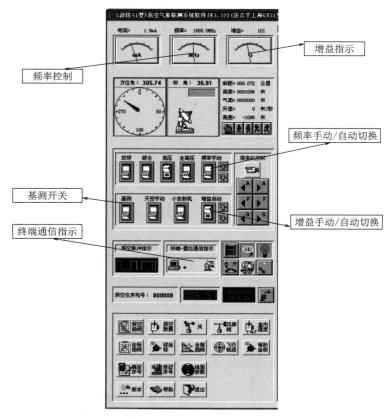

图 2.35　接收机定性检查

作状态或者距离最佳工作状态有多大偏差。检查的主要内容包括:工作频率、中频频率、灵敏度、总增益、AGC 控制能力和 AFC 控制精度等。接收机测试框图见图 2.36。

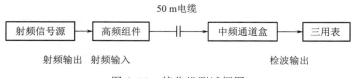

图 2.36　接收机测试框图

(1)工作频率范围

高频组件的输入端连接射频信号源,中频通道盒检波输出接三用表。将射频源输出功率置为 -97 dBm,频率置为 1675 MHz,然后将射频源频率依次增加和减少。同时改变接收机的本振频率,接收机均能正常调谐,则射频源的频率变化范围即为接收机的工作范围,满足 (1675 ± 6) MHz 要求。

(2)灵敏度

测试设备连接同(1)。将射频源频率置为 1675 MHz,输出功率置为 -97 dBm。调整接收机增益,使三用表指示适中,调整接收机频率使三用表指示最大。关断射频源输出,读取三用表上接收机的噪声电压 U_0。开启射频源并调整其输出,使三用表的指示为 $\sqrt{2}U_0$,此时射频源的输出功率即为接收机的灵敏度,满足 $\leqslant-10^7$ dBm 要求。

（3）中频带宽

在测量灵敏度的基础上，重新将射频源的输出功率置为-97 dBm，调整接收机增益，使三用表指示为 1 V，然后将射频源输出增加 3 dBm，再依次增加和减少射频源的频率，使三用表指示重新回到 1 V，记下对应的两个射频源的频率 $f1$ 和 $f2$，则中频带宽为$|f1-f2|$，满足(2.7 ± 0.4)MHz 要求。

（4）系统增益

测试设备连接同（1）。将射频源频率置为 1675 MHz，输出功率置为-97 dBm。将接收机增益置为最大，关断射频输出，从三用表上读得接收机噪声电压 U_0，打开射频源调整其输出，使得三用表上的指示为$(1+U_0)$，读取此时射频源的输出功率，并换算成微伏单位的电压值记为 A，则接收机的增益 G 为

$$G=[120+20\lg(\sqrt{1+2U_0}/A)]\text{dB}$$

满足$\geqslant110$ dB 要求。

（5）中频频率

三用表的连接同（1），射频源与中频通道盒输入端连接，频率置为 30 MHz，调整其输出，使三用表指示为 1 V，然后将射频源的输出增加 3 dBm，再依次增加和减少射频源的频率，使三用表指示重新回到 1 V，记下对应的射频源频率，分别为 $f1$ 和 $f2$，则中频频率为$(f1+f2)/2$，满足(30 ± 0.3)MHz 要求。

（6）AGC 控制能力

射频源频率置为 1675 MHz、800 kHz 方波脉冲调制，接收机对信号频率调谐，然后增益控制置自动状态，用示波器测量角支路信号。将射频源输出功率调至-95 dBm，记下示波器上幅度值，继续增加射频源功率至-19 dBm，示波器显示幅度增加应小于 1 倍，满足$\geqslant70$ dB 要求。

（7）AFC 控制精度

在测 AGC 控制能力的基础上，将增益控制、频率控制均置为"自动"状态，用双通道示波器的 CH1 测量角支路信号，CH2 测量频率控制误差电压。分别缓慢增加和减少射频源的频率至 1671 MHz 和 1679 MHz，CH1 上应能观测到接收机跟踪频率的变化，记下 CH2 上两个最大误差电压值 $A1$、$A2$。然后再将射频源频率置为 1675 MHz，接收机频率控制置为"手动"，改变射频源频率为 $f1$、$f2$，使 CH2 上误差电压仍分别为 $A1$、$A2$，算出 $\Delta f1=|1675-f1|$，$\Delta f2=|1675-f2|$，则 $\Delta f1$、$\Delta f2$ 均应满足剩余误差<0.5 MHz（1675 ± 4 MHz）要求。

（8）本振频率（DFO）

频率置为"手动"，调到 1675 MHz，用示波器检查 11-4 板 4XS1 第 9 脚（频率指示）应为 25.1 kHz 的方波信号，即说明本振频率为 1645 MHz。然后，手动调节频率应达到 1669 MHz 和 1681 MHz，满足(1675 ± 6)MHz 要求（对应 25.01 kHz 和 25.19 kHz）。

（9）距离信号

用示波器检查 11-3 板 3XS2 第 9 脚（距离信号）幅度应为 2～3 Vpp、频率应为 800 kHz（1.25 μs）的信号。

（10）高频 VGC 电压

增益置为"手动"，调节增益在 0～250 变化，用三用表接 11-1 板 1XS2 第 7 脚，电压应有 0～10 V 的变化。

(11)中频 VGC 电压

增益置为"手动",调节增益在 0～250 变化,用三用表接 11-1 板 1XS2 第 8 脚,电压应有 0～8 V 的变化(当高频 VGC 电压为 8 V 时,中频 VGC 电压应为 6 V)。

(12)本振 VC

频率置为"手动",调节频率在 1660～1690 MHz 变化,用三用表接 11-1 板 1XS2 第 9 脚,电压应有 6～9 V 的变化。

(13)角信号

用探空仪作基准源,使四条亮线平齐,雷达天控置为"手动"。用示波器检查 11-1 板 1XS1 第 9 脚,应为 800 kHz 包络信号。

(14)角跟踪信号

用探空仪作基准源,使四条亮线平齐,雷达天控置为"手动"。用示波器检查 11-1 板 1XS2 第 23 脚,应为 800 kHz 正弦波信号。

(15)主波抑制触发脉冲

用示波器检查 11-3 板 3XS1 第 11 脚,应为宽度约 1 μs 的 TTL 逻辑电平脉冲信号。

(16)主抑波门

打开中频通道盒,用示波器测量 D1:74LS221 第 12 脚,宽度应为 200 μs。若不符合要求可调节 RP3 电位器。

2.4 测距分系统

测距分系统是对探空仪的回答信号进行自动和手动距离跟踪,以完成对探空仪斜距的测定,并将距离数据送往数据终端。同时,本系统还产生一系列时间上相关的脉冲信号作为基准送往其他分系统,以协调整机工作。

2.4.1 基本原理

测距就是测量回答信号对主波的延时,而时间的测量又可转化为对具有一定重复频率脉冲的计数来求得。脉冲周期的长短直接影响测距的精度,周期越短,测距精度越高,反之则越低。在本系统中,计数脉冲的频率为 37.477 MHz,这样每个脉冲代表的距离就是 4 m,即量化精度为 4 m。原理框图如图 2.37 所示。

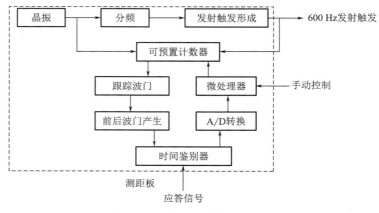

图 2.37　测距分系统原理框图

当发射脉冲加到可预置计数器时,该计数器被打开,并与事先预置的值 x 进行比较。在计数溢出时,产生一个脉冲,这个脉冲就是跟踪脉冲,由它去触发一个触发器,并产生前后两波门(前波门的后沿与后波门的前沿为一个时刻),用前后两波门将回波信号在时间上分为两部分,并分别送到两个积分电路。如果两波门的交接时刻与回波中心不一致(但差值不大),则被分裂成的两部分面积不等,因而积分电路输出的电压也就不等,两者的差值就代表了波门与回波原偏离程度,差值的极性就代表了偏离的方向。该误差电压经 A/D 转换变成数字量,经微处理器处理后改变可预置计数器的 x 值,从而产生延时可变的跟踪脉冲,改变波门位置,直至消除误差,完成自动跟踪的功能。回答信号、跟踪脉冲、前后波门的时间关系如图 2.38 所示。

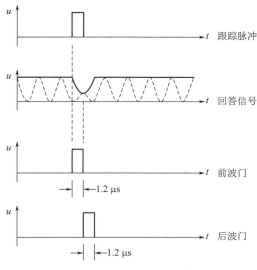

图 2.38　跟踪脉冲时序关系图

测距分系统的有关电路设计在一块插板上(代号为 11-3),装置于室内的主控箱中。在 11-3 板上设有两个 8 位的拨码开关,其实际位置如图 2.39 所示。其中 S2 为远程发射机距离标定拨码开关,S1 为近程发射机距离标定拨码开关。"1"号位为低位,"8"号位为高位。当开关拨向"ON"时,距离显示值减小,反之则增大。测距板功能流程见图 2.40。

图 2.39　拨码开关位置示意图

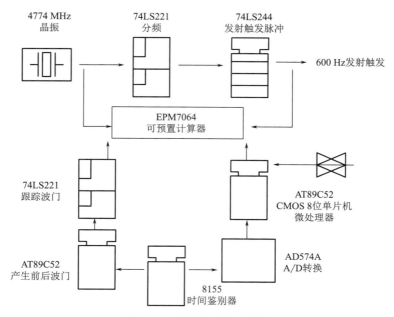

图 2.40　测距板功能流程图

2.4.2　距离误差电路

测距分系统距离误差部分电路图如图 2.41 所示。

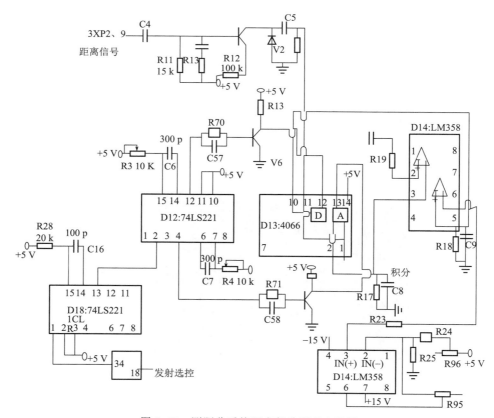

图 2.41　测距分系统距离部分误差电路图

2.4.3　主要技术指标

测距分系统主要技术指标见表 2.7。

表 2.7　测距分系统主要技术指标

指标	参数
测距范围	100 m～200 km
距离跟踪精度	≤20 m
自动跟踪速度	≥200 m/s
手动跟踪速度	≥2 km/s
发射触发频率	600 Hz

注:1)距离跟踪精度:20 m 为均方根值。2)跟踪速度:此性能指标决定了测距系统对探空气球斜距变化的自动跟踪能力。3)发射触发频率:送往发射系统的触发信号频率

2.4.4　功能检查

该分系统的功能检查可按以下步骤进行。

(1)将探空仪通电并置于距离雷达天线 100 m 以外的空旷处。

(2)打开雷达电源,将天线大致对准探空仪,然后调整接收机频率对其调谐。

(3)打开近程发射机,示波器切换为距离显示状态,此时应能看到回答信号的"凹口"(图 2.42)。

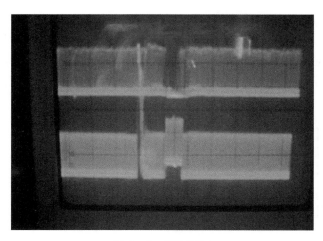

图 2.42　测距凹口

(4)将距离跟踪置为"手动"(图 2.43),点击放球软件上的距离慢动(分别向前、向后)图标,使得"凹口"离开两暗点间的中心位置约 200 m,再将距离跟踪置为"自动",此时"凹口"应能迅速回到两暗点的中心,且距离显示值与实际值相近。

如果以上检查没有任何问题,则说明该分系统的功能是正常的。

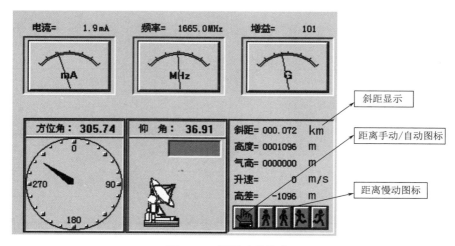

图 2.43　测距功能检查

2.5　测角分系统

　　测角分系统是将同步机送来的代表天线角位置三相交流信号进行 A/D 变换,并将所得到的数据以串口通信的方式送到终端分系统,最终在计算机显示屏上显示出来(方位、俯仰均如此)。

2.5.1　基本原理

　　该分系统主要由同步轮系、同步机、数据采样电路、单片机处理电路、粗精搭配电路、标定电路、与终端和天控分系统的通信电路、激磁电压变压器等组成。方位同步轮系和同步机位于天线座内,俯仰同步轮系和同步机位于俯仰减速箱内,其余电路在主控箱内 11-7 板(仰角显示)、11-8 板(方位显示)上,激磁电压变压器位于主控箱电源盒内。测角分系统原理如图 2.44 所示。

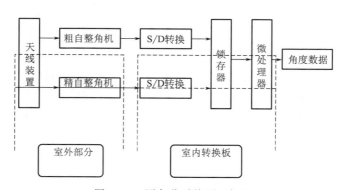

图 2.44　测角分系统原理框图

　　天线的方位轴(或俯仰轴)转动,通过同步轮系带动精、粗两个同步机(精、粗同步机转速比为 36∶1)转动,它输出的三相模拟电压代表了天线几何位置,将该模拟电压通过室外、室内连接电缆送给轴角数据变换模块,模块将代表角位置的电压转换成二进制码送给锁存器,微处理器读取锁存器的二进制码后,将其变成十进制码,然后再通过粗、精搭配和零点标定后即得到方位角(俯仰角)值,通过串口通信将数据实时传送给数据处理系统,并在计算机屏幕上显示出来。测角分系统工作流程如图 2.45 所示,轴角转换板见图 2.46。

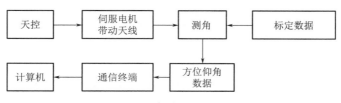

图 2.45　测角分系统工作流程

图 2.46　轴角转换板

2.5.2　主要技术指标

测角分系统主要技术指标见表 2.8。

表 2.8　测角分系统主要技术指标

指标	参数
测角量化精度	0.01°
工作范围	方位:0°～360°　仰角:－6°～92°

注:测角量化精度是指轴角转换模块对角度测量值进行数字采样时的精度

2.5.3　功能检查

该分系统的功能检查比较简单,当天线在 360°范围内、俯仰在－6°～92°范围内连续匀速转动时,角度变化也应连续变化,在微动天线时角度变化的分辨率应达到 0.01°。符合上述情况,即证明测角分系统运行正常。

2.6　天控分系统

天控分系统是根据和差环所获取的角误差信号或手动信号完成对天线的控制,以达到跟踪探空仪的目的。

2.6.1　基本原理

天控分系统主要由交流驱动电机、驱动箱和天控板(11-6)组成(图 2.47)。

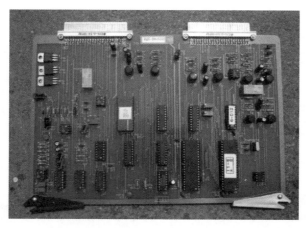

图 2.47　天控板(11-6)

其工作方式有两种,即手动和自动。手动方式时,由人工操纵手控盒,天线可以上、下、左、右转动,当示波器上的四条亮线两两对齐时,即雷达对准了探空仪;自动方式时,由软、硬件结合的控制单元将调制在载波上的角误差信号解调下来,使天线朝着误差减小的方向转动,完成自动跟踪的功能。

手动状态时,终端分系统采样到手控盒的手控电压,将其转换成代表速度的数字信号,通过串口传给微处理器,它接收后再通过 D/A 转换变成相应的速度电平送给驱动器,驱动电机带动天线转动。自动状态时,检波电路将调制在 800 kHz 副载波上的角误差信号解调出来,经放大后送给 A/D 转换器将其转变成数字量,微处理器将这个数字量滤波、平滑后,再将其通过 D/A 转换器转换成代表角误差大小、方向的速度电压,再经直流放大器放大后送给驱动器驱动天线朝着误差减小的方向转动。其原理框图如图 2.48 所示。

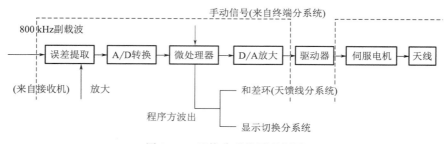

图 2.48　天控分系统原理框图

在该分系统中,带动天线转动的是交流电机,而与之配套的则是交流数字化驱动器。这种伺服系统的特点是:动态特性非常优良、体积小、耗电少、功能多、智能化程度高,且有完善的故障检测(如过速、过力矩等)及报警功能。

此外,微处理器通过扩展并口输出 50 Hz 程序方波,其作用是按 5 ms 时间间隔,依次导通和差箱中的 PIN 开关管,将和差环获取的角误差信号调制到和信号上,即完成相当于换相扫描的功能。由于 TTL 逻辑电平不能驱动 PIN 开关管,因此该分系统设置了四路完全相同的驱动电路,产生送至和差箱中的程序方波,波形如图 2.49 和图 2.50 所示。同时,扩展并口输出的 TTL 逻辑电平的程序方波送到发射/显示分系统,作为 X 扫描,完成测角状态四条亮线的显示。

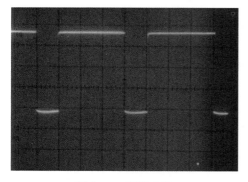

图 2.49　程序方波

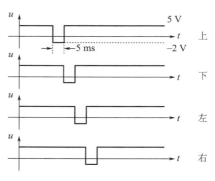

图 2.50　程序方波示意图

2.6.2　主要技术指标

天控分系统主要技术指标见表2.9。

表 2.9　天控分系统主要技术指标

指标	参数
手动跟踪速度	方位 ≥20°/s　仰角 ≥15°/s
自动跟踪速度	方位 ≥20°/s　仰角 ≥15°/s
跟踪加速度	≥15°/s^2
手动控制精度	≤0.02°
自动跟踪精度	≤0.08°

2.6.3　功能检查

天控分系统功能检查分为以下几个步骤。

(1)将通电的探空仪置于 100 m 外楼顶、平台或铁塔之上,并且确保雷达天线在对准探空仪时仰角在 6°以上。

(2)调整雷达接收机频率,对探空仪进行调谐。

(3)将雷达天线置于"手动"状态,对准探空仪使四条亮线平齐,摇动天线使上、下、左、右各偏离中心 3°左右,示波器上的四条亮线应有相应的变化,其规律是:当天线向上抬时,上亮线变长,下亮线变短,反之,当天线下降时,下亮线变长,上亮线变短(图 2.51)。同样,当天线左右偏离时,左右变化的规律与上下类同。

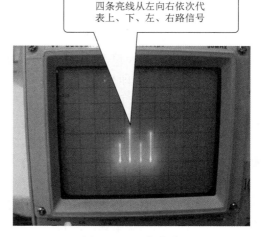

四条亮线从左向右依次代表上、下、左、右路信号

图 2.51　四条亮线

（4）在天线任意偏离探空仪一定角度后，再将天控置为"自动"，则天线应迅速跟踪上探空仪，且跟踪平稳。

如果以上检查没有任何问题，则说明该分系统的功能是正常的。

2.7 终端分系统

终端分系统主要完成雷达各分系统与计算机之间的通信。

2.7.1 基本原理

终端分系统是雷达的控制中心，也是雷达和计算机之间联系的唯一通道。该系统一方面从其他分系统读取数据送往计算机显示和处理；另一方面接收计算机发出的指令，控制其他分系统的工作状态。它与计算机之间仅用一个 RS232 串口，完成雷达和计算机之间大量的信息交换。该分系统采用轮循的方法，分别和自检/译码分系统、测距分系统、天控分系统、接收分系统、发射分系统、发射/显示分系统、计算机等进行通信。

2.7.2 功能检查

终端分系统功能检查可按以下步骤进行。

（1）与自检/译码分系统之间的联系与检查

终端分系统采用串口方式和自检/译码分系统联系，读取自动检测的结果和 21 字节的探空气象数据。

检查方法：在整机其他各分系统正常的情况下，如果打开放球软件基测开关（此时四路程序方波无输出），则放球软件的"帮助"图标将会闪动；在探空仪通电、雷达接收机调谐后，放球软件的左下角有模拟探空码脉冲在行进，且探空码曲线在不断增长。若以上两项检查均没有问题，说明该分系统与自检/译码分系统间的联系正常。

（2）与测距分系统之间的联系与检查

终端分系统控制距离手动/自动的切换，距离波门的前进/后退以及快进、快退，并采用串口通信的方式与测距分系统通信，读取斜距数据。

检查方法：将距离跟踪置为"手动"，点击放球软件的"前进""后退"图标，放球软件上的距离数值将发生相应的变化，若点击"快进""快退"图标，则距离将有更快的变化。若检查没有问题，说明该分系统与测距分系统之间的联系正常。

（3）与天控分系统之间的联系与检查

终端分系统控制天控手动/自动跟踪的切换，手动控制的方向、速度，还可以控制天控分系统是否输出程序方波，即打开、关闭基测开关。

检查方法：点击放球软件的"基测"图标，将基测开关打开。此时，天控分系统无程序方波输出，点击放球软件的"天控"图标，天控方式应在"手动""自动"方式之间切换，即在"手动"时，天线的转动由天线操纵盒控制；而在"自动"时，天线的转动由天线与探空仪之间的偏差控制。如果以上检查没有问题，说明该分系统与天控分系统之间的联系正常。

（4）与接收分系统之间的联系与检查

终端分系统控制接收机手动/自动增益的切换，手动/自动频率调整的切换，并提供手动增益电压及手动频调电压给探空通道板。同时，把送往接收机前端高放增益控制电压进行 A/D 变换，变成相应的数字量，作为接收机的增益指示，在计算机的屏幕上显示出来。此外，终端分系统还将接收机前端送来的本振分频信号进行计数,换算成相应的接收信号频率,传送给计算机并在屏幕上显示出来。

检查方法:点击放球软件的"增益"图标,接收机的增益控制应在"自动""手动"之间切换。若增益控制置为"手动",再点击增益"增加""减少"图标,则接收机的增益将随之变化。如果示波器显示的是四条亮线,则四条亮线应产生高、低变化;若增益控制置为"自动",则无论探空仪是远还是近,示波器上的四条亮线高度始终在 2.5 V 左右。同样,点击放球软件的"频率"图标,接收机的频率控制应在"自动""手动"之间切换,若频率控制置为"手动",再点击频率"增加""减少"图标,接收机的频率将随之变化,此时从界面上的频率指示表中也应该看到频率的变化。若以上检查没有问题,则说明该系统与接收分系统之间的联系正常。

(5)与发射分系统之间的联系与检查

终端分系统控制近程发射机的开、关,发射机的开、关及发射机的半高压、全高压的切换,同时还将发射机的磁控管电流进行 A/D 转换,传送给计算机并在屏幕上显示出来,以监视发射机的工作状况。

检查方法:点击放球软件的"近程发射机"图标,则近程发射机应能正常打开。此时若有加电的探空仪,应能看到回答信号"凹口"。如无加电的探空仪,则在示波器上(示波器工作在距离显示状态)应能看到发射机主波。点击放球软件的"发射机"图标,发射机应能正常打开(3 min 延时后),此时放球软件的磁控管电流指示表头应有指示,指示值在 3.2 V 左右。同时,在示波器亦能看到主波及较强近地物回波。若以上检查没有问题,则说明该分系统与发射分系统之间的联系正常。

(6)与测角分系统之间的联系与检查

终端分系统用串口与测角分系统之间进行通信,读取方位、仰角的角度数据并实时传送给计算机。

检查方法:慢速连续转动方位、俯仰,界面上的方位角度、俯仰角度指示应连续均匀变化,方位角的变化范围是 0°～360°,俯仰角的变化范围是 -6°～92°。若以上检查没有问题,则说明该分系统与测角分系统之间的联系正常。

(7)与发射/显示分系统之间的联系与检查

终端分系统对发射/显示分系统进行控制,以决定示波器是作角跟踪状态显示还是作距离跟踪状态显示,即是显示四条亮线还是显示距离回答信号。

检查方法:点击放球软件"显示切换"图标,则示波器应在距离显示和四条亮线显示两种状态间切换(发射控制与显示控制设计在 11-2 板上,其中发射控制的检查已在第 5 项说明)。若以上检查没有问题,则说明该分系统与发射/显示分系统之间的联系正常。

(8)与手控盒之间的联系与检查

在天控为手动状态时,终端分系统实时读取手控电压并送到天控分系统,控制天线的转动。

检查方法:点击放球软件的"天控"图标,置天控为"手动"状态。摇动手控盒操纵杆,天线应转动自如,则说明该分系统与手控盒之间的联系正常。

(9)对摄像机控制与检查

终端分系统采用 RS232 标准接口与计算机进行通信,它实时将从各分系统读来的数据及各分系统的工作状态传送给计算机。同时也接收计算机发出的控制命令,控制各分系统的工作状态。

检查方法:点击放球软件摄像机控制的有关图标,摄像机的焦距、光圈、景深均有相应的变化,说明该分系统对摄像机的控制正常(注:后几批次 L 波段探空雷达采用一体化摄像机,亮度、焦距调整图标不起作用,其功能由摄像头自动完成)。

以上九项检查均正常,说明该分系统与计算机之间的通信完全正常。

2.8 自检/译码分系统

自检/译码分系统的主要功能有两个,即故障的自动检测和探空码数据录取。

2.8.1 基本原理

自检/译码分系统由自检/译码板(11-5)组成,实物见图 2.52,原理见图 2.53。

图 2.52 自检/译码板(11-5)

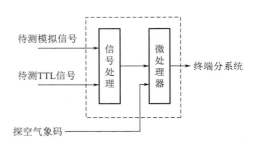

图 2.53 自检/译码分系统原理框图

(1)自检

被测的模拟信号和 TTL 逻辑信号,经过信号处理后再送至微处理器,信号处理电路的作用就是将模拟信号和窄脉冲逻辑信号转换成具有一定幅度的逻辑电平,以利于单片机读取、判别,从而判定相关分系统关键信号的幅度、频率或脉宽是否达到要求。

(2)译码

该分系统的另一功能是对探空码的录取。实际上,经过接收机解调,已得出了气象探空码,可以直接传送至计算机进行温、压、湿转换。但是,在信号较弱时,接收机的噪声及其他一些干扰严重影响了探空码的质量。为了降低误码率,提高探空精度,把接收机解调出的探空码送到该分系统,在软件上采用容错技术,对探空码进行智能判断,将得到低误码率的 21 个字节探空码和 2 个字节的故障检测结果通过串口传送给数据终端分系统。

2.8.2 主要技术指标

自检/译码分系统主要功能及相关信号见表 2.10。

表 2.10 自检/译码分系统主要功能及相关信号

指标	参数
程序方波	脉冲信号(上、下、左、右四路)
发射触发脉冲	脉冲信号(TTL)
精扫脉冲	脉冲信号(TTL)

指标	参数
粗扫脉冲	脉冲信号（TTL）
24 V 驱动电源	＋24 V
方位、俯仰驱动告警	逻辑电平（＋24/0）
俯仰上、下限位	逻辑电平（＋24/0）
过荷、反峰、过压保护	TTL 逻辑电平

2.8.3　电位器作用及调整

电位器 RP1：调节基准电压，与四路程序方波比较，产生误差电压，再经单片机、终端单元，送到计算机产生报警指示。

电位器 RP2：调节基准电压，与＋24 V 驱动电源（仰角和方位）比较，产生报警指示。

电位器 RP3：调节基准电压，分别与发射触发脉冲、精扫触发脉冲、粗扫触发脉冲比较，产生报警指示。

2.8.4　功能检查

探空仪加电，雷达接收机对其调谐，如果放球软件左下角有模拟探空码在行进，且在放球软件右侧的探空录取显示窗口有温、压、湿三条曲线不断加长，则说明该分系统的译码部分工作正常。

该分系统的检测内容有 15 个，主要可以验证以下检测内容。

（1）程序方波（上、下、左、右）：只要点击"基测"图标，将"基测"开关打开，即可关掉程序方波；

（2）＋24 V 驱动电源：关掉驱动箱，即可关掉＋24 V 电源；

（3）俯仰上、下限位：将天线俯仰角推到－6°或 92°，则天线处于电限位状态。

以上检测内容出现故障时，放球软件的"帮助"图标将闪动，点击"诊断"图标，会弹出故障列表，表中故障内容应与实际情况相符，故障列表见图 2.54。

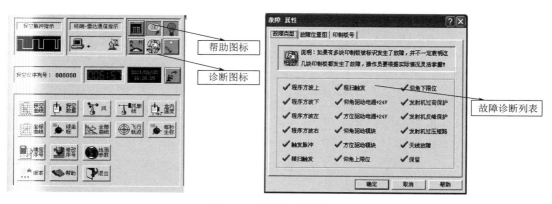

图 2.54　"自检"功能检查

以上检查正常，则说明该分系统的检测功能基本是正常的。

2.9 发射/显示分系统

发射单元是对发射机进行控制和保护。显示单元主要功能有两个:一是角跟踪显示,即显示四条亮线,它对应于天线四个波束的信号;二是距离跟踪显示,即将测距回答信号用精、粗双扫描线分别显示出来。

2.9.1 基本原理

(1)发射单元

发射机送来的各种模拟保护信号,经电平变换后,成为能够与数字电路进行连接的 TTL 逻辑信号。当发射机出现故障时,这些信号一方面送到自检/译码分系统进行故障检测,最终在屏幕上显示出来。同时,也送到使能/禁止逻辑电路,禁止发射机打开。使能/禁止逻辑电路还包含了 3 min 延时电路,这是因为磁控管工作之前要充分地预热,以延长磁控管的寿命。该单元与显示控制单元都做在一块插板上(代号为 11-2),置于室内的主控箱中(图 2.55)。发射控制原理框图如图 2.56 所示。

图 2.55 发射/显示板(11-2)

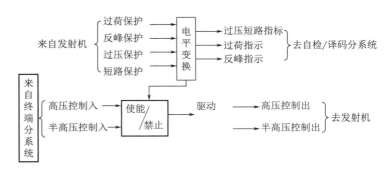

图 2.56 发射控制原理框图

(2)显示单元

该单元由 40 MHz 双踪示波器、X/Y 轴信号处理板(11-2 板的一半)和亮度控制盒组成。
① 利用双踪示波器作为雷达的测角、测距显示是该雷达的一个特点,这样不但可以减少

雷达设备量,减少耗电量,在维修时,示波器还可以作为维修仪表使用,达到一机多用的目的。

② X/Y 轴信号处理板是将测角、测距信号变换成示波器所需的各种扫描视频信号。

③ 亮度控制盒的作用是使精、粗扫描线的亮度基本相同。

显示控制单元原理如图 2.57 所示。

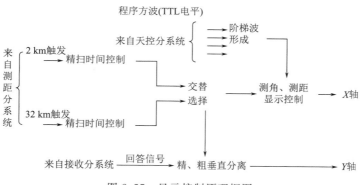

图 2.57　显示控制原理框图

显示控制单元由阶梯波形成、精粗定时、锯齿波形成、交替选择、角度距离显示控制、精粗垂直分离、亮度控制等电路组成。当显示控制单元工作于角度跟踪状态时,天控分系统送来的 TTL 电平的程序方波,经阶梯波形成电路送入示波器 X 轴(其低电平为 3.5 V,高电平为 5.5 V)产生四个亮点(线)。当工作于距离跟踪显示状态时,2 km、32 km 扫描锯齿波交替送入 X 轴形成精、粗两条扫描线。

由于粗、精采用 1:1 交替扫描,粗扫时间约为 210 μs,精扫时间约为 14 μs(两者的扫描幅度均为 10 V),即两条扫描线的空度是不同的,这样在视觉上两条扫描线的亮度就会差很多,影响对探空仪回答信号的观察。为此,利用示波器的外接增辉功能,对精、粗扫描线给予不同的增辉,使精、粗扫描线的亮度接近。亮度控制盒原理如图 2.58 所示。

图 2.58　亮度控制盒原理图

2.9.2　Y 轴处理电路图

Y 轴处理电路如图 2.59 所示。

2.9.3　11-2 板调试点汇总

1RP1:调节 32 km 基线长度。

1RP2:调节粗锯齿波幅度。

1RP3:调节 2 km 基线长度。

1RP4:调节精锯齿波幅度。

1RP5:调节粗锯齿波线性。

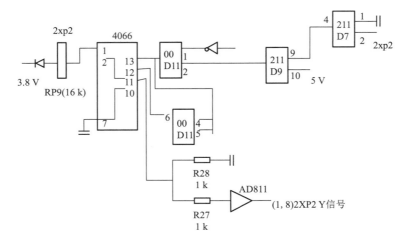

图 2.59　Y 轴处理电路图

1RP6：调节精锯齿波线性。

1RP7：调节粗扫的凹口宽度。

1RP8：调节主波抑制波门宽度。

1RP9：调节视放增益。

1RP10：调节粗扫基线和精扫基线的间距为 3.5 格。

1RP11：调节台阶高度为 3 小格。

1RP12：调节上下两个亮点宽度。

1RP13：调节左右两个亮度宽度。

2.9.4　亮度控制盒的调整

RP3、RP5：调节亮度。

右上电位器：调节可移暗点的间距。

右下电位器：调节可移暗点的起始位置。

2.9.5　功能检查

该分系统功能检查分为两个方面。

（1）点击放球软件角距转换按钮，从示波器上观察是否由四条亮线转换为精、粗两条扫描线（图 2.60）。

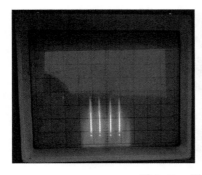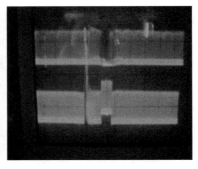

图 2.60　测角、测距显示

（2）打开雷达主机箱发射机电源，记下时间，3 min 后点击高压按钮，是否有发射机电流，若有则该系统正常（图 2.61）。

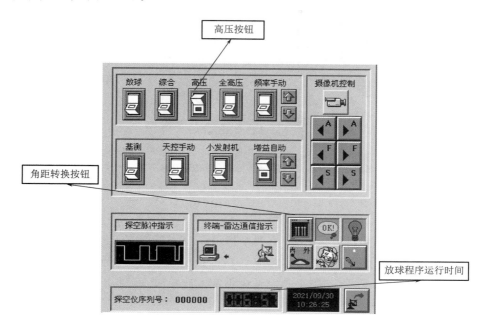

图 2.61　角距转换按钮及高压按钮示意图

2.10　电源分系统

电源分系统是为整机提供电源，由四个开关电源所组成，并且紧凑地安装在一个长方体的电源箱内，再将这个电源箱安装于主控箱中。

2.10.1　基本原理

开关电源输出直流电压分别为 +15 V、-15 V、+5 V、+12 V。其中，±15 V 主要为模拟电路供电；+5 V 主要为数字电路供电；+12 V 则为摄像机和近程发射机供电。在电源箱中，还有一个交流变压器，它将 220 V 的交流电压变成 110 V 的交流电压，为测角分系统中的自整角机和轴角转换模块提供励磁电压，即四个轴角模块、四个自整机的励磁电压都由这个 110 V 的交流变压器提供。

在主控箱面板的左侧，装有五个电源指示灯，从左起分别为 +5 V、+12 V、+15 V、-15 V、~110 V（~表示交流电），以指示各种电源正常与否（图 2.62）。在主控箱面板的右侧，装有两个电源开关，最右边的为总电源开关（但对天线座中的维修电源不起作用，要断掉维修电源必须拔掉主控箱的电源插头，这一点在维修中一定要引起注意），右侧第二个为发射电源开关，在此开关打开后，发射机开始预热，经 3 min 延时后方可开始加高压。

此外，驱动箱内还有一个 +24 V 电源，为交流伺服驱动器提供直流电源，驱动箱内的交流电源除了受面板上的电源开关控制外，还受主控箱的总电源开关控制。因驱动箱内的交流固态继电器与面板上的电源开关是串接的，继电器受主控箱中的 +5 V 控制。因此，在主控箱面板上的总电源开关打开之前，驱动箱电源是无法打开的。这样做就可保证在驱动箱工作之前，

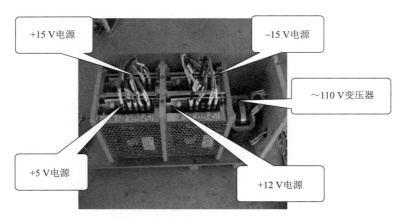

图 2.62　开关电源

主控箱可以正常稳定工作,以防止天线失控。

　　在驱动箱面板上除了电源开关外,还有四个指示灯,从左向右依次为俯仰驱动器准备就绪灯(绿)、俯仰驱动器故障报警灯(红)、方位驱动器准备就绪灯(绿)、方位驱动器故障报警灯(红)。在准备就绪时绿灯亮,反之则不亮。工作正常无故障时,红灯不亮,反之驱动器不工作时红灯亮起。

2.10.2　主要性能指标

电源分系统主要性能指标见表 2.11。

表 2.11　电源分系统主要性能指标

指标	参数
电源输出范围	$(+5\pm0.2)\,V$
	$(+12\pm0.4)\,V$
	$(+15\pm0.5)\,V$
	$(-15\pm0.5)\,V$
	$(+24\pm0.5)\,V$

2.11　电路板输入(出)特性表

2.11.1　探空通道板

探空通道板输入(出)特性见表 2.12。

表 2.12　探空通道板输入(出)特性

探空通道板(11-1)1XS1				
序号	特性	从何处来	到何处去	信号特征
1	GND			
2				
3				
4				

探空通道板(11-1)1XS1

序号	特性	从何处来	到何处去	信号特征
5				
6				
7	AGC 检波	中频通道盒 XS12/5		800 k 半波波形
8	AFC 鉴频	中频通道盒 XS12/6		开信号时 DC-1V
9	角信号	中频通道盒 XS12/9		开信号时 DC1V
10				
11				
12				
13				
14				
15				
16				
17				
18				
19	MGC/AGC	11-4 板 XS1/19		手动低电平,自动高电平
20	MGC	11-4 板 XS1/20		手动电压为 0~10 V
21	MFC/AFC	11-4 板 XS1/21		手动低电平,自动高电平
22	MFC	11-4 板 XS1/22		手动电压为 0~10 V
23				
24 2252	+5 V	电源箱 XP5/2		5~5.1 V

探空通道板(11-1)1XS2

序号	特性	从何处来	到何处去	信号特征
1 2	+15 V	电源箱 XP5/4		(15±0.5)V
3				
4 5	-15 V	电源箱 XP5/5		(-15±0.5)V
6				
7	高频 VGC		高频组件 XP2/2	探空仪在地面时,DC2V 左右,后程电压会增加
8	中频 VGC		高频组件 XP5/5	增益手动时,调整增益 0~255,电压为 0~10 V。自动时,增益随信号强弱变化
9	本振 VC		高频组件 XP5/4	频率手动时,调整频率从低到高电压应为 5~9 V。1675 MHz 对应电压在 7 V 左右。自动时,电压应随信号频率变化
10				

探空通道板(11-1)1XS2

序号	特性	从何处来	到何处去	信号特征
11				
12				
13				
14				
15				
16	气象码		11-5,6 板 XS2/23	见接收测试波形
17	后中 VGC			不用
18				
19				
20				
21				
22				
23	角跟踪		11-6XS2/16	见接收测试波形
24	GND			
25				

2.11.2 发射控制板

发射控制板输入(出)特性见表2.13。

表 2.13 发射控制板输入(出)特性

发射控制板(11-2)2XS1

序号	特性	从何处来	到何处去	信号特征
1	GND			
2				
3				
4				
5				
6	高压控制		发射机 13/XP7/4	高压开时为高电平,关时为低电平
7	全/半压控制		发射机 13/XP7/5	全高压为高电平
8	过荷保护	发射机 13/XP7/6		
9	反峰保护	发射机 13/XP7/7		
10	过压保护	发射机 13/XP7/9		工作正常时为高电平,保护时为低电平
11	短路保护	发射机 13/XP7/10		
12	过压短路指示		11-5 板 XS1/15	
13	过荷指示		11-5 板 XS1/16	正常时低电平,故障时高电平
14	反峰指示		11-5 板 XS1/17	
15				

发射控制板(11-2)2XS1

序号	特性	从何处来	到何处去	信号特征
16	高压控制 in	11-4 板 XS1/16		开高压时高电平
17	全/半压控制 in	11-4 板 XS1/17		全高压时高电平
18	过荷复位	11-4 板 XS1/18		不用
19				
20				
21				
22				
23				
24	+5 V	电源箱 XP5/2		5～5.1 V
25				

发射控制板(11-2)2XS2

序号	特性	从何处来	到何处去	信号特征
1	+15 V	电源箱		(15±0.5)V
2				
3				
4	−15 V	电源箱		−14.9～−15.1 V
5				
6	程序方波上	11-6 板 XS1/19		频率 50 Hz
7	程序方波下	11-6 板 XS1/20		脉冲宽度 5 ms
8	程序方波左	11-6 板 XS1/21		幅度 5 V
9	程序方波右	11-6 板 XS1/22		相位两两差 5 ms
10	主抑触发	11-3 板 XS1/11		3.7 V(TTL)脉冲
11	2 km 触发	11-3 板 XS2/11		4 V(TTL)脉冲
12	32 km 触发	11-3 板 XS2/12		4 V(TTL)脉冲
13				
14	距离信号	中频通道盒 XS12/4		毛草 2～3 V
15				
16	粗扫		增辉盒 XS1/4	4.2 V(TTL)脉冲
17	X 扫描		示波器 CH1	测角状态:阶梯波,2 V 叠加直流电平 4 V;测距状态:两个锯齿波,宽为 240 窄为 20
18	Y 信号		示波器 CH2	毛草信号,主抑期间不显示
19	精扫		增辉盒 XS1/5	4.2 V(TTL)脉冲
20	亮度+		增辉盒 XS1/2	15 V
21	亮度−		增辉盒 XS1/3	−15 V
22				
23	角距显示	11-4 板 XS2/23		测角高电平,测距低电平
24	GND			
25				

2.11.3 测距板

测距板输入(出)特性见表2.14。

表 2.14　测距板输入(出)特性

测距板(11-3)3XS1

序号	特性	从何处来	到何处去	信号特征
1	GND			
2				
3	距离 MC/AC	11-4 板 XS1/3		自动时高电平,手动时低电平
4				
5				
6				
7	发射触发(B)		小发射机	开小发射机时 4 V 脉冲
8	发射触发(A)		发射机 13/XS7/2	开机即有 4 V 脉冲,小发射机工作时无脉冲
9				
10				
11	主抑触发		11-2 板 XS2/10、中频通道盒 XS12/18	3.7 V(TTL)脉冲
12				
13				
14				
15				
16				
17				
18				
19				
20				
21				
22				
23				
24	+5 V	电源箱 XP5/2		5~5.1 V
25				

测距板(11-3)3XS2

序号	特性	从何处来	到何处去	信号特征
1	+15 V	电源箱 XP5/4		(15±0.5)V
2				
3				
4	−15 V	电源箱 XP5/5		14.9~15.1 V
5				

测距板(11-3)3XS2

序号	特性	从何处来	到何处去	信号特征
6	发射选控	11-4/XS2/6		开机或大发射机工作时为 4 V 高电平， 小发射机工作时为低电平
7				
8				
9	距离信号	中频通道盒 XS12/4		视放信号 2～3 V
10				
11	2 km 触发		11-2/XS2/11 11-5/XS2/11	4 V 脉冲(TTL)
12	32 km 触发		11-2/XS2/12 11-5/XS2/12	4 V 脉冲(TTL)
13	距离前进	11-4/XS2/13		
14	后退	11-4/XS2/14		平时为低电平,手动控制时高电平
15	快速	11-4/XS2/15		
16				
17				
18				
19	发射触发	11-5/XS2/19		4 V 脉冲(TTL)
20				
21	RXD1	11-4/XS2/21		5 V 串行脉冲
22	TXD1		11-4/XS2/22	
23				
24	GND			
25				

2.11.4　终端板

终端板输入(出)特性见表 2.15。

表 2.15　终端板输入(出)特性

终端板(11-4)4XS1

序号	特性	从何处来	到何处去	信号特征
1	GND			
2				
3	距离 MC/AC		11-3/XS1/3	手动时低电平,自动时高电平
4	外控			不用
5	放球	内控盒 XS1/7		平时低,放球键按下瞬间高电平
6	高压指示	发射机 XP7/10		开高压时 3 V 左右
7	磁控管电流	发射机 XP7/11		开高压时 3 V 左右

终端板(11-4)4XS1

序号	特性	从何处来	到何处去	信号特征
8	增益指示	高频组件 XP5/5		增益手动时,调整增益,数字变化范围为 0~255,电压为 0~10 V
9	频率指示	高频组件 XP5/1		当频率指示为 1675 MHz 时,此频率为 25.1 kHz
10	内控 E	内控盒 XS1/3		当操纵器在中间时,约 2.5 V,
11	内控 A	内控盒 XS1/4		在两端时,为 2~3 V
12	外控 E			不用
13	外控 A			
14	天控 MC	内控盒 XS1/5		手动高,自动低
15	天控 AC	内控盒 XS1/6		自动高,手动低
16	高压控制		11-2/XS1/16	高压开时为高电平,关时为低电平
17	全/半压控制		11-2/XS1/17	全高压为高电平
18	过荷复位		11-2/XS1/18	不用
19	MGC/AGC		11-1/XS1/19	手动低电平,自动高电平
20	MGC		11-1/XS1/20	手动电压为 0~14 V
21	MFC/AFC		11-1/XS1/21	手动低电平,自动高电平
22				
23				
24	+5 V	电源箱 XP5/2		5~5.1 V
25				

终端板(11-4)4XS2

序号	特性	从何处来	到何处去	信号特征
1	+15 V	电源箱 XP5/4		(15±0.5)V
2				
3				
4	−15 V	电源箱 XP5/5		(−15±0.5)V
5				
6	发射选控		11-3/XS2/6	开机或大发射机工作时为 4 V 高电平,小发射机工作时为低电平
7	CCD 共端		摄像机 XS1/3	
8	快门			不用
9	光圈		摄像机 XS1/5	调节时脉冲(TTL)
10	焦距			不用
11	放球指示		主控箱 XS8/10	不用
12	内控		主控箱 XS8/9	不用

终端板(11-4)4XS2

序号	特性	从何处来	到何处去	信号特征
13	距离前进		11-3 板 XS2/13	平时为低电平,手动控制时为高电平
14	后退		11-3 板 XS2/14	
15	快速		11-3 板 XS2/15	
16	自动指示		主控箱 XS8/11	不用
17	天控 MC/AC		11-6 板 XS2/17	手动低,自动高
18	外控指示		主控箱 XS8/12	不用
19	TXD2		XS7/2	±10 V 串行脉冲
20	RXD2	XS7/3		
21	TXD1		11-3、5、6、7/21	5 V 串行脉冲
22	RXD1	11-3、5、6、7/22		
23	角/距显示	11-2/XS2/23		测角高电平,测距低电平
24	GND			
25				

2.11.5　自检译码板

自检译码板输入(出)特性见表 2.16。

表 2.16　自检译码板输入(出)特性

自检译码板(11-5)5XS1

序号	特性	从何处来	到何处去	信号特征
1			GND	
2				
3				
4				
5				
6				
7				
8	E　ALM	XS11/5		正常时 24 V,告警时 0 V
9	E　+24 V	XS11/6		驱动分机工作时电压 24 V
10	E 限位上	XS11/14		限位时电压 24 V,不限位时电压 0 V
11	E 限位下	XS11/15		
12	A　ALM	XS11/19		正常时 24 V,告警时 0 V
13	A　+24 V	XS11/20		驱动分机工作时电压 24 V
14				

续表

序号	特性	从何处来	到何处去	信号特征
	自检译码板(11-5)5XS1			
15	过压短路指示	11-2/XS1/12		
16	过荷指示	11-2/XS1/13		正常时低电平,故障时高电平
17	反峰指示	11-2/XS1/14		
18				
19	程序方波　上	11-6/XS1/19		
20	程序方波　下	11-6/XS1/20		
21	程序方波　左	11-6/XS1/21		50 Hz、5 ms、TTL
22	程序方波　右	11-6/XS1/22		
23				
24	+5 V	电源箱 XP5/2		5～5.1 V
25				

序号	特性	从何处来	到何处去	信号特征
	自检译码板(11-5)5XS2			
1	+15 V	电源箱 XP5/4		(15±0.5)V
2				
3				
4	−15 V	电源箱 XP5/5		(−15±0.5)V
5				
6				
7				
8				
9				
10				
11	2 km 触发	11-3/XS2/11		4 V 脉冲(TTL)
12	32 km 触发	11-3/XS2/12		
13				
14				
15				
16				
17				
18				
19	发射触发	11-3/XS2/19		4 V 脉冲(TTL)
20				
21	RXD1	11-4/XS2/21		5 V 串行脉冲
22	TXD1		11-4/XS2/22	
23	气象码	11-1/XS2/16		见接收测试波形
24	GND			
25				

2.11.6　天控板

天控板输入(出)特性见表 2.17。

表 2.17　天控板输入(出)特性

天控板(11-6)6XS1

序号	特性	从何处来	到何处去	信号特征
1	GND			
2				
3	程序方波　上			宽度 5 ms
4	程序方波　下	和差箱中开关管套		幅度＋5 V，－2 V
5	程序方波　左			周期 20 ms
6	程序方波　右			
7	E　ZENSPD	仰角驱动模块 E/XP1/26		仰角启动时,电压为 24 V
8				
9	SPD(0～＋10 V)		仰角驱动模块 E/XP1/14	0～10 V
10				
11				
12	A　ZENSPD	方位驱动模块 A/XP1/26		方位启动时电压为 24 V
13				
14	SPD(0～＋10 V)		方位驱动模块 A/XP1/14	0～10 V
15				
16				
17				
18				
19	程序方波　上		11-5、2/XS1/19	频率 50 Hz
20	程序方波　下		11-5、2/XS1/20	脉冲宽度 5 ms
21	程序方波　左		11-5、2/XS1/21	幅度 5 V
22	程序方波　右		11-5、2/XS1/22	相位两两差 5 ms
23				
24	＋5 V	电源箱 XP5/2		5～5.1 V
25				

天控板(11-6)6XS2

序号	特性	从何处来	到何处去	信号特征
1	＋15 V	电源箱 XP5/4		(15±0.5)V
2				

序号	特性	从何处来	到何处去	信号特征
		天控板(11-6)6XS2		
3				
4	−15 V	电源箱 XP5/5		(−15±0.5)V
5				
6				
7	E角数据 D0	11-7/XS2/7		
8	E角数据 D1	11-7/XS2/8		
9	E角数据 D2	11-7/XS2/9		
10	E角数据 D3	11-7/XS2/10		数据信号,放球时天控板取仰角角度数据,用于天控根据不同仰角,控制方位仰角跟踪速度
11	E角数据 D4	11-7/XS2/11		
12	E角数据 D5	11-7/XS2/12		
13	E角数据 D6	11-7/XS2/13		
14	E角数据 D7	11-7/XS2/14		
15				
16	角跟踪		11-1/XS2/23	见接收测试波形
17	天控 MC/AC	11-4/XS2/17		手动低电平自动高电平
18				
19	片选		11-7/XS2/17	片选脉冲,放球时取仰角数据用
20				
21	RXD1	11-4/XS2/21		5 V 串行脉冲
22	TXD1		11-4/XS2/22	
23	气象码	11-1/XS2/16		见接收测试波形
24	GND			
25				

2.11.7 俯仰轴角转换单元

俯仰轴角转换单元输入(出)特性见表 2.18。

表 2.18 俯仰轴角转换单元输入(出)特性

序号	特性	从何处来	到何处去	信号特征
		俯仰轴角转换单元(11-7)7XS1		
1			GND	
2				
3				
4	110V/AC A	电源箱 XP5/7		A、B之间电压为~110 V
5	110V/AC B	电源箱 XP5/8		
6				

俯仰轴角转换单元(11-7)7XS1

序号	特性	从何处来	到何处去	信号特征
7	E 同步机精 C1	精同步机 D1/D2/D3		三用表 1 k 挡,两两间电阻为 1.3 kΩ 左右,电压为 0～90 V
8	E 同步机精 C2			
9	E 同步机精 C3			
10	E 同步机粗 C1	粗同步机 D1/D2/D3		同上
11	E 同步机粗 C2			
12	E 同步机粗 C3			
13				
14				
15				
16				
17				
18				
19				
20				
21				
22				
23				
24	+5 V	电源箱 XP5/2		5～5.1 V
25				

俯仰轴角转换单元(11-7)7XS2

序号	特性	从何处来	到何处去	信号特征
1	+15 V	电源箱 XP5/4		(15±0.5)V
2				
3				
4	−15 V	电源箱 XP5/5		(−15±0.5)V
5				
6				
7	E 角数据 D0		11-6 板 XS2/7	数据信号,放球时天控板取仰角角度数据,用于天控根据不同仰角,控制方位仰角跟踪速度
8	E 角数据 D1		11-6 板 XS2/8	
9	E 角数据 D2		11-6 板 XS2/9	
10	E 角数据 D3		11-6 板 XS2/10	
11	E 角数据 D4		11-6 板 XS2/11	
12	E 角数据 D5		11-6 板 XS2/12	
13	E 角数据 D6		11-6 板 XS2/13	
14	E 角数据 D7		11-6 板 XS2/14	
15				

续表

俯仰轴角转换单元(11-7)7XS2

序号	特性	从何处来	到何处去	信号特征
16				
17				
18				
19	片选	11-6 板 XS2/19		片选脉冲,放球时取仰角数据用
20				
21	RXD1	11-4/XS2/21		5 V 串行脉冲
22	TXD2		11-4/XS2/22	
23				
24	GND			
25				

2.11.8 方位轴角转换单元

方位轴角转换单元输入(出)特性见表2.19。

表 2.19 方位轴角转换单元输入(出)特性

方位轴角转换单元(11-8)8XS1

序号	特性	从何处来	到何处去	信号特征
1	GND			
2				
3				
4	110V/AC A	电源箱 XP5/7		A、B之间电压为~110 V
5	110V/AC B	电源箱 XP5/8		
6				
7	A 同步机精 C1	方位精同步机 D1/D2/D3		三用表1 k挡,两两之间电阻为1.3 kΩ 左右
8	A 同步机精 C2			
9	A 同步机精 C3			
10	A 同步机粗 C1	方位粗同步机 D1/D2/D3		三用表1 k挡,两两之间电阻为1.3 kΩ 左右
11	A 同步机粗 C2			
12	A 同步机粗 C3			
13				
14				
15				
16				
17				
18				
19				
20				

方位轴角转换单元(11-8)8XS1

序号	特性	从何处来	到何处去	信号特征
21				
22				
23				
24	+5 V	电源箱 XP5/2		5~5.1 V
25				

方位轴角转换单元(11-8)8XS2

序号	特性	从何处来	到何处去	信号特征
1	+15 V	电源箱 XP5/4		(15±0.5)V
2				
3				
4	−15 V	电源箱 XP5/5		(−15±0.5)V
5				
6				
7	A　角数据　D0			
8	D1			
9	D2			
10	D3			
11	D4			不用
12	D5			
13	D6			
14	D7			
15				
16				
17				
18				
19				
20				
21				
22				
23				
24			GND	
25				

第3章　雷达常规维护和标定

3.1　维护的意义和要求

雷达的各种零部件和元器件经过一定的工作时间后会老化、变质和失效,大量尘垢和潮湿等环境极易造成雷达系统故障。加强清洁维护是保证雷达性能良好的主要方法,定时对雷达系统电气和传动部分进行检查维护,可以预防和减少故障发生,把故障排除在初级阶段,避免更大或损坏性故障。

雷达的检查维护是一项经常性的、工作量大而细致的工作,除了平时在观测过程中发现和处理的一些问题外,大量的保养工作都需要通过定期维护来完成,这就要求定期维护工作必须要有计划、有准备和有组织地进行。

3.2　维护的内容及方法

定期维护分为日维护、周维护、月维护、年维护四类。技术保障部门应按照职责分工和业务流程要求制定检查维护计划。

3.2.1　日维护

(1)主要以设备清洁为主,擦除各机箱面板和天线装置外壁的灰尘。

(2)在雨、雪天气时,必须注意室外装置是否漏水,电缆是否受潮等;在大风的情况下,要做好防风工作。

(3)检查数据处理终端界面上雷达各状态、参数显示是否正常,注意室内、室外装置有无异常声音和气味等,发现问题要及时处理。

(4)日维护中发现(或发生)的问题及处理情况应填写在观测登记簿中。

3.2.2　周维护

周维护可结合一个日维护进行,主要包括以下内容。

3.2.2.1　数据资料备份

(1)数据是否整理、备份。

(2)重要数据是否及时刻录光盘或存入移动硬盘。

(3)重要资料(相关的文字资料进行整编和归档处理)是否制作。

3.2.2.2　测风雷达设备维护

(1)对测风雷达的各部分进行外观检查和清洁工作。

(2)检查室外装置是否漏水,电缆是否受潮、老化等。

(3)检查各电缆联结是否可靠,插座是否松动。

(4)检查数据处理终端界面上测风雷达各状态、参数显示是否正常,注意室内、室外装置有无异常声音和气味等,发现问题要及时处理。

(5)检查天线转动系统是否灵活。

(6)检查雷达天线水平情况。

(7)手动检查内控盒工作是否正常。

(8)用固定目标物检查仰角、方位是否正常。

(9)雷达接地是否良好。

3.2.2.3　辅助设备检查

(1)检查 GTC2 型 L 波段探空数据接收机是否能正常工作。

(2)检查备份基测箱是否正常。

(3)检查经纬仪是否正常可用。

(4)计算机查毒软件是否按时升级和进行了病毒检查。

(5)检查 UPS 输入、输出电压是否正常。

(6)检查油机燃油、机油油位是否能正常工作。

3.2.3　月维护

月维护可以结合一个周维护进行,主要是对雷达进行较为全面的检查维护,对复杂或重要部件进行重点保养。

3.2.3.1　设备检查与维护

(1)利用晴天正点放球机会,每月做一次雷达与经纬仪对比观测,做好记录并统计对比观测结果(对比观测要求:仰角误差≤0.3°,方位角误差≤0.6°,有效记录内超差点不应超过3 个)。

(2)光、电轴一致性检查,可利用正点放球观测的机会,每月进行一次观测。

(3)距离零点的标定,可用主波前沿的方法,每月检查不少于一次。

(4)检查天线是否水平。

(5)检查天线转动系统是否灵活。

(6)检查测风雷达的方位、仰角显示是否正常。

(7)用固定目标物检查仰角、方位是否正确。

(8)手动检查内控盒工作是否正常。

(9)雷达接地是否良好。

(10)用地物回波,大致检查接收机的灵敏度。

(11)天线馈线及其接插件绝缘可靠性是否符合要求。

(12)对测风雷达的各部分进行外观检查和清洁工作,特别要对汇流环进行酒精擦拭。

(13)检查室外装置是否漏水,电缆是否受潮、老化等。

(14)检查各电缆连接是否可靠,插座是否松动。

(15)检查数据处理终端界面上测风雷达各状态、参数显示是否正常,注意室内、室外装置有无异常声音和气味等,发现问题要及时处理。

3.2.3.2　数据资料备份

(1)数据是否整理、备份。

(2)重要数据是否及时刻录光盘或存入移动硬盘。

(3)重要资料(相关的文字资料进行整编和归档处理)是否制作。

3.2.3.3　软件系统维护

(1)处理计算机内冗余的垃圾文件。

(2)对计算机硬盘进行碎片整理。

（3）检查主机和备用机的台站参数是否正确。

3.2.3.4 辅助设备检查与维护

（1）检查探空数据应急接收机是否能正常工作,并进行跟球检查。

（2）检查备份基测箱是否正常。

（3）检查经纬仪是否正常可用。

（4）终端计算机和打印机的维护,按随机附带的说明书维护。

（5）计算机查毒软件是否按时升级和进行了病毒检查。

（6）对备份通信链路进行测试检查。

（7）对配电设备进行检查,检查 UPS 输入、输出电压是否正常,应每隔 2～3 个月人为放电一次,而对于经常停电的台站,应防止充电不足,造成蓄电池过度放电,影响蓄电池的使用寿命。

（8）检查油机燃油、机油油位,是否能正常工作,空气滤清器检查与清洗,长时间不停电,每月至少要试发电一次。

3.2.4 年维护

年维护,应对整机进行细致全面的检查与维护保养,测量全机的主要技术性能。维护可结合一次月维护进行,时间根据各地情况安排,尽量不要选在最冷和最热季度进行。

3.2.4.1 测试与检查

（1）检查雷达原有固定目标物是否准确。

（2）对雷达各分系统功能进行详细检查,发现问题现场及时排除。

（3）对天线单元馈线接点进行清洁检查,检查天线馈线及其接插件绝缘可靠性是否符合要求。

（4）利用地物回波,大致检查接收机的灵敏度。

（5）对雷达进行天线水平、仰角零度、三轴一致性（机械轴、光轴、电轴）、方位零度、距离零点进行系统标定。

（6）对室内外所有线缆连接情况进行检查。

（7）检查并记录仰角上、下限位角度。

（8）对备份系统（包括八块电路板、中频通道盒、高频组件、前置高放、近程发射机）进行上机测试。

（9）检查仰角同步带和和差箱输出高频信号电缆插头是否正常。

（10）检查、调整开关电源输出直流电压及交流 110 V 电压。

（11）用示波器测试 11-6 板输出的四路程序方波及 11-3 板输出的两路发射触发脉冲和主波抑制触发脉冲是否符合技术要求。

（12）进行雷达与经纬仪对比观测,应符合业务要求（业务要求:仰角误差≤0.3°,方位角误差≤0.6°,有效记录内超差点不应超过 3 个）。

（13）对雷达周边观测环境及信号干扰情况进行检查。

（14）重新确定至少两个固定目标物。

（15）通信系统是否正常（包括备用通信系统）。

（16）雷达接地是否良好,防雷工作情况是否符合要求,防雷设施是否超检。

（17）雷达备件储备是否充足。

3.2.4.2　雷达主机维护内容

(1)对测风雷达的各部分进行外观检查和清洁工作。

(2)对天线单元馈线接点进行清洁检查。

(3)注意室内、室外装置有无异常声音和气味等,发现问题要及时处理,对有关部分进行加油或换油。

(4)检查汇流环接触是否正常,检查碳刷磨损情况,擦拭汇流环及汇流环刷架触点,对天线传动等有关部分进行注油。

(5)对主控箱、驱动箱、示波器、计算机、UPS 电源等设备进行除尘维护。根据情况,确定是否要油漆室外装置或部分补漆等。

(6)检查室外装置是否漏水,电缆是否受潮、老化等。根据防水状况确定是否需要重做防水。

(7)详细记录维护情况和发现问题的处理情况。向有关管理部门提交年维护工作报告和技术报告。

3.2.4.3　数据资料备份

(1)数据是否整理、备份。

(2)重要数据是否及时刻录光盘或存入移动硬盘。

(3)重要资料(相关的文字资料进行整编和归档处理)是否制作。

3.2.4.4　软件系统维护

(1)处理计算机内冗余的垃圾文件。

(2)对计算机硬盘进行碎片整理。

(3)检查主机和备用机的台站参数是否正确。

3.2.4.5　辅助设备检查与维护

(1)检查 GTC2 型 L 波段探空数据接收机方位、仰角显示及转动是否正常,正点跟球检查译码是否良好。

(2)检查备份基测箱是否正常。

(3)检查经纬仪是否正常可用。

(4)检查备份计算机是否正常可用。

(5)计算机查毒软件是否按时升级和进行了病毒检查。

(6)终端计算机和打印机的维护,按随机附带的说明书维护。

(7)检查油机燃油、机油油位,是否能正常工作。

(8)清洁油机火花塞和燃油箱;空气滤清器检查与清洗;长时间不停电,每月至少要试发电一次。

(9)检查 UPS 输入、输出电压是否正常;检查电池组的电压,清洁各节电池之间联结点并进行除尘维护,应每隔 2～3 个月人为放电一次,而对于经常停电的台站,应防止充电不足,造成蓄电池过度放电,影响蓄电池的使用寿命。

3.3　系统标定

3.3.1　天线水平的标定

调整时先转动方位角,使主轴上某一个水准器大致停在和某两个千斤顶连线相平行的位置上。调整其中一个千斤顶使水准器的气泡正好在横线中央,调整第三个千斤顶,使另一个水准器的气泡也正好在横线中央(图 3.1)。

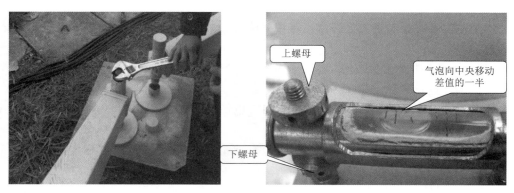

图 3.1　天线水平的检查与校正

将方位角旋转180°,若气泡仍在中央,说明水准器安装正确;若气泡不在中央而有一差值,说明水准器不在正确位置,需要进行校正。这时用调水准器的专用工具调整水准器两端螺母使气泡向中央移动差值的一半,再调"千斤顶"使气泡移到中央。然后按上述方法重新检查、校正,直至差值为零。

注意,两个水准器最好分别进行校正;每次调整后都将水准器两端的螺母锁紧。

3.3.2　仰角零度的标定

在天线侧面数十米处,架一经纬仪并调好水平。转动天线方位到能清楚看到桁架的位置,这时只转动经纬仪的仰角,保持方位不变,观察天线桁架边缘两端点是否在一条垂直线上。如垂直,说明天线仰角处于零度位置;如不垂直,应微微转动天线仰角使其垂直,将俯仰轴角板(11-7)的两个标定短接头相互短接即可标零(图 3.2)。

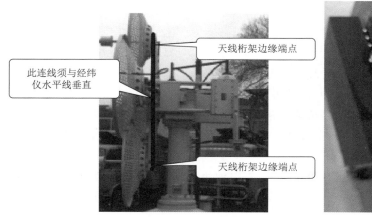

图 3.2　仰角零度标定示意图

3.3.3　光轴、机械轴、电轴三轴一致性标定

光轴是指瞄准镜在正常工作位置时,其物镜中十字线交点所对方向的射线。机械轴是指天线中心(方位轴、仰角轴的交点)向天线所指方向的射线。电轴是指波瓣交点所指方向的

射线。

在雷达长期工作后,瞄准镜的调整螺钉会出现松动,从而引起光轴和机械轴不平行,或由于天线拆装、电缆电长度的变化等因素使电轴和机械轴不重合,导致三轴不一致,所以需要定期对三轴一致性进行检查校正。

3.3.3.1　光轴与机械轴一致性的检查与校正

(1)检查光轴与仰角轴垂直

将瞄准镜从正常的工作位置取下,逆时针转 90°,将目镜从左向右插入,把天线仰角摇至 0°,转动方位角,使瞄准镜十字心对准一远距离(2 km 以外)目标,记下目标坐标$(X0,Y0)$。然后保持方位角不动,将仰角由 0°转到 90°,观察同一目标,记下坐标$(X90,Y90)$,若原来光轴与仰角轴垂直,则瞄准镜逆时针转过 90°后,光轴与仰角轴平行,相对 2 km 以外的目标,$(X0,Y0)$与$(X90,Y90)$应很靠近,几乎是同一个点(图 3.3)。

若原来光轴与仰角轴不垂直,则目标的轨迹是一个 90°的圆弧,根据$(X0,Y0)$$(X90,Y90)$两个点可以确定此圆弧的圆心坐标。如果$(X0,Y0)$$(X90,Y90)$两点间的距离小于 0.1°,则可不必调整;若大于 0.1°,就需要调整。调整时,将天线转至 0°,用扳手调节瞄准镜架三角板上的三个螺钉使目标坐标移到圆心的坐标(X,Y),X 和 Y 计算公式为

$$X=(X0+X90)/2+(Y0-Y90)/2,Y=(Y0+Y90)/2+(X90-X0)/2$$

每调一次,检查一次,直到合格。

(2)检查仰角 0°时光轴与海平面平行

把瞄准镜插回工作位置,使天线仰角为 0°(以后始终保持),转动方位,使瞄准镜十字心对准一目标,读出其纵坐标 $Y1$;然后将瞄准镜反过 180°安装,转动天线约 180°,观察原目标,记下其纵坐标 $Y2$,若$(Y1-Y2)<0.1°$,说明光轴与海平面基本平行,不必调整。若$(Y1-Y2)>0.1°$,则需进行调整。调整时,先松开螺钉 b1、b2,再用扳手拧动螺钉 a1、a2,使目标的纵坐标为$(Y1+Y2)/2$,每调一次按上述方法检查一次,直至误差小于 0.1°,最后锁紧各个螺母(图 3.4)。

图 3.3　光轴与仰角轴一致性调整示意图

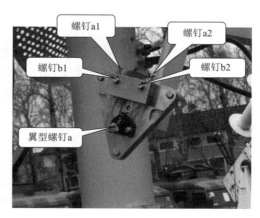

图 3.4　调整螺钉位置

3.3.3.2　光轴与电轴一致性的检查与校正

选择能见度较好的晴天,在放球约 10 min 后,用雷达和瞄准镜同时观察探空仪,经过多次观察(10 次以上),如果探空仪在瞄准镜内的位置与十字线中心的偏离小于 0.1°,则认为合格,

即光轴与电轴一致,若偏离大于0.1°,就需进行调整。调整的方法就是调整调相器的长短,使电轴与光轴一致。例如,探空仪偏上方,说明电轴偏上,则调整上调相器使其缩短,或使下调相器加长,直至探空仪偏离坐标原点小于0.1°时为止。

调节时先将固定螺丝和紧锁装置松开,然后拉伸或缩短硬同轴线,调节完毕后再将固定螺丝和紧锁装置拧紧(图3.5)。

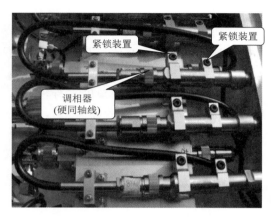

图3.5 光轴与电轴一致性调整示意图

3.3.4 方位角零度的标定

方位角零度是在天线水平和光轴与机械轴一致性调整完后进行的,标定方法有三种。

(1)磁偏角法

距雷达数十米外的一高处架一经纬仪(高度比瞄准镜高),用磁针标定好方位(注意标定时应当将当地的磁偏角计算在内)。保持仰角为零度,转动雷达天线和经纬仪,使两者相互瞄准,然后读取经纬仪的方位角 α_0,雷达方位角为 α_1,摇动天线使雷达方位角在 α_1 的基础上增加 $(180-\alpha_0)$。将方位轴角板上的两个标定短接头相互短接即可完成标定。

(2)北极星法

在天气晴朗的夜间,利用雷达瞄准镜对准北极星来标定零点。由于北极星的位置在一夜之间也有所变化,要使标定更加精确,可以根据观察点所在时刻查对天文年历进行校正,也可以每隔一定时间(如2 h)瞄准北极星测一次方位角,共测三次到四次,最终取观测记录的平均值来标定。

(3)固定目标物法

可以根据原来雷达记录的固定目标物位置进行方位标定。

3.3.5 距离零点的标定

L波段探空雷达测距采用了自动跟踪回答信号的数字测距法,其标定可以采用已知距离法。将探空仪放在距离雷达100~200 m的地方,用其他方法精确测出探空仪与雷达天线之间的直线距离。由于每个探空仪之间回答延时有一定的差异,用不同的探空仪来标定会出现较大的误差。因此,应选2~3只探空仪,取其平均值。

(1)近程(小)发射机

把探空仪放于离雷达一定的距离(如200 m)处,摇动天线对准探空仪,使频率在调谐状态,用鼠标点击控制画面上距离手动/自动按钮,置"手动"状态,再点击距离"前进"或"后退"按钮,使距离显示值在 200 m 左右处,这时应能看到示波器上回波的位置,拨动测距板上的拨码开关(S1),使回波回到显示 2 km 扫描线上的两个暗点之间,再把距离置"自动"状态,观察控制画面上距离显示值,是否在 200 m 左右跳动,反复上述过程,达到标定的目的(图 3.6)。

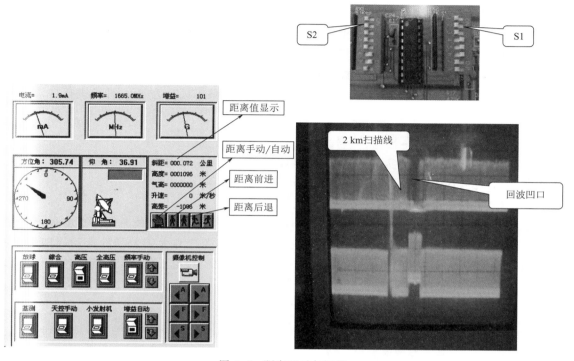

图 3.6　距离显示与调整

（2）远程（大）发射机

步骤同上,探空仪距雷达的距离要在 450 m 以上,拨码开关为(S2)。或在放球时观察发射机刚打开时的"高差"是否报警或偏大。如果是,则拨动拨码开关为(S2),直到高差缩小到"零"附近为止,并要连续几次放球观察调整。

3.3.6　粗精搭配

由于精、粗自整角机安装的随机性,其零点不一定正好对准,甚至相差很大,这样角度数据在天线全程转动范围内会出现不连续甚至有很大跳动的情况。为此,在轴角转换板上设置了一精、粗搭配的拨码开关,拨动其中的一个或多个开关,使精、粗达到最佳搭配。

将方位测角板或俯仰测角板的四位拨码开关(S2)第一位拨到"ON"位置,则终端显示屏上方位角指示为××.××,前面两位代表粗读数,后两位代表精读数,在天线整个范围转动时,拨动四位拨码开关(S1),使两个读数(粗减精)差值小于 20。最后,再将拨码开关(S2)第一位拨回到"OFF"位置,这样精、粗搭配就调整好了。俯仰的精、粗搭配方法与方位完全一样。

需要指出的是,精、粗搭配的工作在雷达出厂前已全部做好,只有在以后的检修、维护过程中,更换自整角机或拆卸重新安装或年维护时才需做此工作。

说明:拨码开关(S2)后三位没有功能;拨码开关(S1)由低到高依次对应精、粗差值的调整量为 10、20、40、80。

3.4 太阳法标定

3.4.1 太阳法简介

利用太阳法标定雷达天线指向,是将太阳作为微波辐射源,雷达通过对太阳噪声信号的接收实现自动跟踪太阳。首先,根据地球与太阳的天体运动规律算得太阳赤纬和当地时差,结合雷达站所在经纬度及北京时间,通过高精度的太阳位置算法计算出太阳在天空中的位置,即与地理北极的夹角(方位)和与地平面的夹角(仰角)。由于雷达能一直自动跟踪太阳,即可知道雷达天线指向和实际太阳位置间的误差,从而达到利用太阳法对雷达方位、仰角进行自动标定目的。

3.4.2 自动跟踪太阳法原理

L 波段探空雷达能不能实时自动跟踪太阳,是利用太阳法自动校准 L 波段探空雷达的关键所在,下面将从理论和实际两方面进行分析。

3.4.2.1 理论可能性探讨

通过天文台历史资料查询可以得知,太阳辐射到达地面的微波能量即能流密度最小值在 65A. U. 至 245 A. U. (1 A. U. $=10^{-22}$ W/(m² · Hz)),其变化与太阳黑子的活动周期相关。若 L 波段探空雷达接收电磁波的能力也在这个范围内,说明理论上能够自动跟踪太阳,雷达接收的太阳电磁波能量 F_s 可以表示为

$$F_s = 10^{-22} P \cdot (C \cdot \Delta F)^{-1}$$

式中,$P = 10^{\frac{S}{10}}/1000$(S 为雷达最小灵敏度,单位为 dBm),单位为 W;ΔF 为雷达中频带宽,单位为 Hz;C 为雷达天线有效截面积,单位为 m²,可表示为

$$C = 10^{\frac{G}{10}} \times \left(\frac{v}{f}\right)2/4\pi$$

式中,G 为雷达天线有效增益,单位为 dB;v 为光速,单位为 km/s;f 为雷达中心频率,单位为 Hz。

L 波段探空雷达中心频率为 1675 MHz,天线有效增益为 27 dB,中频带宽为 2.7 MHz,灵敏度为 -10^7 dBm,将雷达参数代入上述公式,可以计算得到 L 波段探空雷达能接收到的太阳最小能流密度为 58 A. U. ,比太阳辐射到地面的最小能流密度还要小,所以 L 波段探空雷达在理论上可以实现自动跟踪太阳。

3.4.2.2 实际可能性探讨

在实际操作过程中,打开 L 波段探空雷达放球软件,将雷达方位、仰角置于太阳位置附近,增益、频率、天控置为“自动”状态,大小发射机处于关闭状态,在晴朗天气状况下可以清晰地看到雷达摄像机软件中的太阳光晕(图 3.7)。此外,示波器四条亮线也能看出噪声变化,此时若人为将雷达任意转动到偏离太阳几度后再将天控置为“自动”状态,可以从摄像机画面明显看出雷达会迅速自动跟回太阳,且跟踪平稳。这说明实际操作过程中使用 L 波段探空雷达自动跟踪太阳也是切实可行的。

3.4.3 太阳位置算法

图 3.8 为太阳位置的几何模型示意图,图中 θ 为太阳高度角,α 为太阳方位角,φ 为当地纬度,δ 为太阳赤纬角,ω 为太阳时角。α 和 β 与 φ、δ、ω 之间的关系为

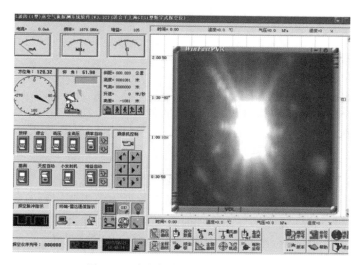

图 3.7 雷达自动跟踪太阳操作界面

$$\sin\theta = \sin\varphi\sin\delta + \cos\varphi\cos\delta\cos\omega$$

$$\sin\alpha = \frac{\cos\delta\sin\omega}{\cos\theta}$$

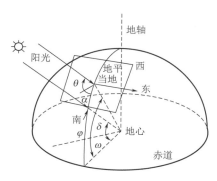

图 3.8 太阳位置图

由以上两式可知太阳赤纬角 δ 和太阳时角 ω 的计算准确度直接决定了太阳高度角和方位角的准确度,特别是在闰年的情况下,太阳时角 ω 可以表示为

$$\omega = (h+E)\cdot 15 + \Psi - 300°$$

式中, h 为北京时间; E 为时差; Ψ 为当地经度。

Cooper、Spencer、Stine、Bourges 分别在 1969 年、1971 年、1976 年、1985 年提出过赤纬角算法;Wloof 在 1968 年、Spencer 在 1971 年、Whillier 在 1979 年分别提出了以一年为计算周期的时差算法,而 Lamm 在 1981 年提出了更接近实际的周期为四年的时差估算公式。通过对比,Bourges 和 Lamm 的赤纬角和时差算法误差最小,本书也选用他们两人的算法作为赤纬角和时差的计算公式。

3.4.3.1 赤纬角算法

$\delta = 0.3723 + 23.2567\sin at + 0.1149\sin 2at - 0.1712\sin 3at - 0.7580\cos at +$
$\qquad 0.3656\cos 2at + 0.0201\cos 3at$

式中，$a = 0.98564733$；$t = n - 1 - n_0$（世界时 0 时算起）；$n_0 = 78.801 + [0.2422(\text{year} - 1969)] - \text{int}[0.25(\text{year} - 1969)]$。

3.4.3.2　时差算法

$$E = \sum_{k=0}^{5} \left[A_k \cos\left(\frac{2\pi k N}{365.25}\right) + B_k \sin\left(\frac{2\pi k N}{365.25}\right) \right]$$

式中，N 为从每一个闰年开始计算，1～4 年循环的最后一天，值为 1461（即 365＋365＋365＋366），A_k、B_k 为常数。

3.4.4　软件编写

根据高精度的太阳位置算法，采用 Python 语言进行程序设计和封装，编写太阳位置自动化计算助手（图 3.9），使用太阳位置自动化计算助手软件之前需先对计算机进行校时，确保系统为正确的北京时间。软件每次执行计算时都会自动调用计算机系统时间，并结合当地经度和时差计算出精确的太阳时角，从而最终计算出太阳方位角和高度角。

图 3.9　太阳位置自动化计算助手

3.4.5　结论与不足

太阳法软件符合利用太阳法进行雷达标定的技术指标要求，能够帮助台站值班员更加直接地判断雷达天线指向是否准确，间接判断雷达接收、伺服、天控等系统是否存在故障，同时为机务人员提供了更高效的标定手段，也为人工标定 L 波段探空雷达提供了检验工具。由于太阳位置算法还不够完美，需在使用过程中根据台站实际运行状况不断对其进行优化。阴雨天和能见度较差时无法使用太阳法标定雷达天线指向。应尽量避免太阳高度角过高或过低时使用太阳法，这时误差较大。

第4章 雷达常见故障维修

4.1 故障维修常识

雷达维修是一项综合性技术工作,它不仅仅是一门雷达技术,还涉及数字电子、计算机软件、机械力学、自动控制技术等多个领域。维修保障人员在处理较复杂的故障时,头脑一定要冷静。首先要了解你所面对的设备,熟练掌握各种测试工具,从简单到复杂,明白其工作流程。能调试的器件,在调试前最好将初始位置记下,再做调整。对雷达这种高精度的设备更不能匆忙调试,一定要做到心中有数。在焊接集成电路时,维修人员必须将身体静电对地释放,以免造成意外伤害。

要想顺利完成维修任务,熟练掌握维修技术,需具备一些基本条件。

4.1.1 硬件条件

(1)测量仪器

维修人员在维修雷达故障时,要使用一些仪器仪表对某些参数进行测量后才能判断故障发生的部位。因此,如三用表、示波器、信号发生器等一些仪器仪表是必需的,并要具备良好性能。有条件的地方,还可配备其他的测量仪器如逻辑笔、频率计、功率计、毫伏表、网络分析仪等,这些设备可用来测量雷达的性能指标参数,以使雷达的工作性能处于良好状态。

(2)消耗器材

现代雷达均采用通用化、模块化和系列化设计,便于维修工作。但一些消耗性器材也是必需的,如备份电路板、备份元器件、导线、酒精、机油、润滑油、砂纸等。

(3)维修工具

在雷达的维修中,一些常用的维修工具是必不可少的,如电烙铁、各种起子、扳手和钳子等。

4.1.2 软件条件

(1)维修人员

① 个人素养

维修人员一般要经过专业技术院校的培养,具有爱岗敬业的精神。

② 技术素质

维修人员一定要掌握维修基础理论、维修技术和 L 波段探空雷达的基础知识,了解该雷达各个部分的功用、组成、结构、主要性能,掌握雷达的原理框图、基本工作过程和信号流程,熟悉雷达的性能参数和电路中一些主要工作点参数,熟练掌握测试仪表的性能、使用方法和测试方法,掌握元器件好坏的鉴别方法、代用原则和替换方法。

(2)资料要求

配备雷达的图纸、技术说明书、使用说明书及相关资料(包括电路原理图、机械结构图、元件位置图、线缆连接图等),以便随时查用。

4.2 雷达维修方法

4.2.1 检修的一般规律

当雷达发生故障后,通常需要对雷达各个分机的显示、指示、报警和测量等装置进行全面观察,明确故障现象后再综合分析、判断及检查(孤立故障),以确定故障发生的部位,最后更换元件,直到故障排除。

全面掌握故障现象,必须做好研究工作,通常除了向操纵人员了解故障发生前后的情况外,还应运用直觉法,扳动有关开关,调节有关旋钮来观察故障现象的变化,以便更充分、更准确地了解故障的全面情况。在检修过程中,要注意以下几条原则。

4.2.1.1 由大部位到小部位

确定故障部位时,应首先根据已掌握的故障现象,按照雷达组成框图,先把故障的可能范围由整个雷达缩小到某个系统(或分机),再由系统(或分机)缩小到某一支路(或某块电路板),再由某一支路缩小到某一级,最后由某一级缩小到具体的故障点(元件或导线等)。即按"系统→支路→级→点"的次序逐步孤立、缩小范围来进行。

4.2.1.2 由简到繁、由易到难、由外部到内部

了解故障现象后,则应分析产生该故障现象的起因。一般引起一种故障现象的因素很多,那么该首先检查哪一个? 故障原因有的复杂,有的简单,为了避免走弯路,应该从简单的、易于检查的地方入手。一般从外部开始,然后再检查内部。内部与外部是相对的,对整个雷达来说,电缆与分机插座等是外部,分机是内部;对分机来说,其外表暴露部分,像面板上开关、旋钮、保险丝等是外部,而分机内的元件是内部。因此在检查时,应充分利用面板上的开关、旋钮、测试孔和指示设备等来孤立故障,先检查分机插座、电缆插头、保险丝等是否接触良好。如需要拆卸大型元件,一般放在最后。

4.2.1.3 由可能性大到可能性小

雷达发生故障后要尽快恢复正常工作,确定故障发生的可能性是非常重要的。

(1)从故障出现的时间、地点、环境条件来确定可能性的大小。

(2)当雷达经过运输转移、架设撤收或维护之后,出现故障的可能性较大,一般是元件相碰、接线松脱和插头插座接触不良引起的。

(3)在炎热潮湿的季节,某些元部件由于绝缘能力降低而被击穿引起故障的可能性较大。

(4)雷达在工作过程发生故障时,元器件衰老、变质、烧毁的可能性较大。

(5)从雷达的工作原理和电路结构的特点来确定可能性的大小。对雷达来说,无论各分机之间,还是分机里各级电路之间,按其工作原理和电路结构,不外乎两种排列形式:一种是串并联排列,另一种是串联排列。

① 串并联排列

一个公共支路输出信号,分别送到几个并列支路。在孤立故障部位时,如果并联支路中只有一条没有信号输出,那么故障就处在这条支路本身。如果各支路同时没有输出,那么公共支路出故障的可能性较大。

几个并联支路各自输出信号,送到一个公共支路。在孤立故障部位时,如公共支路中缺少某一种信号,那么故障一般处在产生这一信号的支路中,如公共支路没有信号输出,则公共支路本身出故障的可能性较大。

② 串联排列

在串联排列电路中,任何一级发生故障时,整个电路都不能工作。检修这种电路,应尽量采用"中间插入法"来孤立故障。即先对全段中间的某级进行检查测量,如正常,则说明前段电路工作正常,故障在后半段,否则故障在前半段。然后再用相同的方法进一步孤立故障,直到故障部位被确定到某一级电路中。

在串联排列电路中,对于一些具有相同电路结构的多级信号放大电路,可采用"越级法"来孤立故障,即把前一级的输出信号跨越中间级直接短接到下一级的输入端。

维修人员能在检查故障中熟练运用雷达维修的一般原则,必须建立在对雷达工作原理和结构相当熟悉的基础上,从而才能通过对故障现象的综合分析,提出合理、正确的维修思路。

4.2.2　维修的常用方法

4.2.2.1　直觉法

直觉法就是用眼看、手摸、耳听、鼻嗅等直观方法来确定故障部位。用这种方法检查有异常的光、热、声、味的故障简便迅速有效,并随着维修人员对雷达熟悉程度的提高、维修经验的积累而效果倍增。

(1)眼看

根据雷达上指示设备(显示器、指示灯、表头等)的指示变化及元件冒烟、打火等异常现象来发现故障。例如,指示灯不亮,表示没有加上电源或灯丝烧坏;元件冒烟或烧焦,表示通过的电流太大;节点之间打火,表示接触不良;变压器的绝缘融化,表示负载过重或部分线圈断路。

(2)耳听

根据雷达上有些部件运行时的特殊声音(如电机的运转声、喇叭的响声等)的变化来发现故障部位。

(3)鼻嗅

根据雷达故障时会产生异常的气味来发现故障,例如,变压器和电机的绝缘物或电阻等元件烧毁,会有刺鼻的焦臭味。闻到异常气味时,应立即断电,待故障排除后才能通电。

(4)手摸

根据元件表面的温度是否正常来判断故障。例如,变压器、电机、晶体管、电阻、集成电路块等的表面温度很高,则可能是相关电路有短路故障。需要注意的是用"手摸"检查故障时,一般应在断电后进行,以防触电。

4.2.2.2　代替法

在维修过程中,代替法会经常用到,一般有分机代换、插板代换、电缆代换和器件代换。代替法可迅速孤立故障的大部位,使雷达很快恢复工作。对替换下来的分机或插板再进一步排除故障。使用代替法时,必须注意几点:防止损坏代换器件;代换器件性能必须良好;代换器件的参数要预先估计;频率高或引脚多的集成电路不宜采用(拔插式集成电路除外)。

4.2.2.3　测量法

测量法是将电路工作点的数值或波形测量后与正常值进行比较,以确定故障部位。测量法可分为电压测量、电流测量、电阻测量、波形测量等。

(1)电压测量

电压测量应用于低频、直流电路中。进行电压测量要注意几点:注意各种资料提供参考数据的测试条件,要结合雷达具体分析;注意电表内阻对被测电路的影响;注意半导体器件的过载能力,选准检测点的位置;注意元件表面的绝缘层,使表笔与被测点接触良好;注意电表量程应大于被测点电压,以防止损坏电表。

(2)电流测量

测量时应先断开电路,串入电表,开机通电测量。可检查各部分工作点的电流是否正常,用以判断故障发生的部位,也可用来检查电源部分和变压器的性能,通过测量电源空载与带载电流可以判断电源或负载有无短路现象,或通过测量变压器空载与带载电流可以判断绕组有无短路现象。

(3)电阻测量

电阻测量是在断电情况下测量被怀疑部位的电阻值,再与雷达正常时的标准值比较,找出故障元件的方法。采用这种方法时,要注意电表内阻的并联效应的影响。在线测量的阻值比被测元件的实际阻值要小,如要精确测量,应将被测元件的一端焊开再测。

(4)波形测量

波形测量法在脉冲电路和低频电路中运用较为有效。它能直接观察到电路中的波形幅度、宽度及重复频率的变化,有利于分析故障。然而它只能确定故障的大部位,顶多孤立到某一级,要最后找出故障元件,还需采用电阻、电压测量法或其他方法来确定。

4.2.2.4 隔离法

雷达电路中,各条支路往往互相影响,检修时要将相关支路相互隔离,以便正确地查出故障所在的支路。例如,一个电源输出分别给三个支路供电,当电源输出发生短路现象时,采用隔离法逐个断开连接的支路,当某条支路断开后,电路工作正常了,则说明故障就出在这条支路上。

4.2.2.5 越级法

越级法就是越过被怀疑的那一级(或几级)电路,把信号从被怀疑的前一级(或几级)引到被怀疑的电路的后面一级。它适用于同类多级串联电路的检修。串联的各级电路要具有相同的频率特性与足够的放大倍数,且对应点的电位相同。例如,中放电路的检修就可采用越级法。

4.2.2.6 外加信号法

将一个外来信号加到被怀疑电路的输入端,以检查这一电路是否正常工作,这种方法称为外加信号法。它通常用于低频或视频放大电路及少数脉冲电路。例如,检查接收机的视放是否工作正常,可将一幅度适中的脉冲信号加到视放管的基极,如输出正常,则说明这级视放是好的。

4.3 三用表使用方法

三用表是一个常用的必备测量仪表,正确使用三用表不仅可以提高测量精度,更重要的是可以确保人身和设备的安全。如使用不当,则可能影响被测电路的正常工作,或者测试不准确,甚至损坏仪表。因此,在使用机械或电子三用表时应注意一些事项。

4.3.1 使用前的准备

必须熟悉每个转换开关、旋钮、插孔和接线柱的作用,了解表盘上每条刻度线所对应的被测量种类。测量前,必须明确要测量什么和怎么测量,然后拨到相应的测量种类和量程挡上。如预先无法估计被测量的大小,应先用最大量程挡,再逐步减小量程到合适的位置。若表针不在机械零点,要用螺丝刀调节表头上的调整螺丝,使表针回零。测量完毕后,将量程选择开关拨到最高电压挡或空挡,防止下次测量时不慎损坏仪表。

4.3.2　正确的使用方法

(1)三用表在使用时应水平放置。

(2)测电阻时,每次更换挡位时都要重新调整欧姆零点。严禁在被测电路测量电阻;选择测量挡位应使表针指在中间位置附近,这样读数较准;测量高值电阻时,双手不能同时捏住表笔的金属端,以免因人体电阻使读数减小。测量电路中元件的电阻值,要考虑与之并联电路的影响,必要时应焊下被测元件的一端再测。

(3)测电流时,应将三用表穿接在被测电路中,测直流电流时应注意正负极,防止表头接反(表针反打碰弯);应尽量选择较大的电流量程,以降低内阻,减小对被测电路的影响。

(4)测电压时,应将三用表并接在被测电路的两端。测直流电压时应注意正负极性。选取的电压量程应尽量使表针偏转到满刻度的 1/2 或者 1/3。被测电压高于 100 V 时要注意人身安全。应养成单手操作的习惯,先把一支表笔固定在被测电路的公共地端,拿另一支表笔去碰测试点。

(5)在测量高压或大电流时不能拨动量程转换开关,以免产生电弧,烧坏转换开关触点。

(6)用三用表的电阻挡测试电容时,应先将电容两极短路一下,防止大电容积存的电荷烧毁表头。另外测试半导体器件与电解电容等有极性元器件时,要注意两表笔的极性。一般红表笔位正接(表内电池的负端),黑表笔为负接(表内电池的正端)。一般三用表的 R×10k 挡多采用 9 V 以上的电池,不宜检测耐压低的元件。

(7)三用表的工作频率低,不能测量频率较高的信号电压;另外,三用表的交流挡是正弦波电压。

4.3.3　元器件测试

(1)电阻和电位器

对电阻的测试,主要看是否开路以及由于变质而造成的阻值偏差,对电位器的测试还要看触点是否接触不良。对电阻阻值偏差的测试可焊下元件的一端,然后用电阻挡直接测量,测量时量程选择要合理,要注意调零,测量方法要得当。对电位器的测试应首先测试总阻值,看是否开路或变值,然后测试中心抽头至两端的电阻,调节测试中心抽头观察阻值的变化,看是否有接触不良或阻值变化不均匀的现象。测试热敏电阻时,可用手指按住电阻观察其变化。

(2)电容器

测试电容器除测其容量外,还包括鉴别有无漏电、击穿等情况。

对电解电容,可直接用三用表的高阻挡对电容充放电来测试,表针摆动角度的大小反映了被测电容容量的大小。可与已知容量的电容进行比较来估计被测电容量。要想精确测量电容的容量除采用电容表测量外,还可采用如图 4.1 所示的电路进行测量,用分压比来计算被测电容的容量。另外,正向充电表针停止摆动时指示的电阻值越大则表示其漏电流越小。若表针向右摆动后不再摆回,则说明电容器内部断线或容量消失。由于正向充电的漏电流要比反向充电的小,可以利用这点来判断电容器的正负极性。

对于无极性的中小电容,可采用如图 4.2 所示的电路来估测小容量电器容量的大小。但其绝缘电阻的测量,若直接用三用表则不易判断,可采用晶体管来放大充电电流,使表针摆动幅度增大。

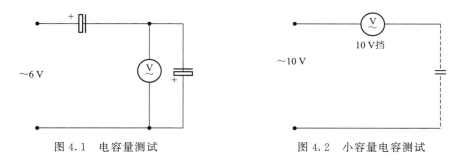

图 4.1　电容量测试　　　　　　　　图 4.2　小容量电容测试

对电容测试需要注意的是,一般测试采用正向极性充电;充放电测试时,再反向充电前应先将电容器的电荷放掉;使用高压电阻挡时,要注意被测电容的耐压程度。

4.4　示波器的使用

4.4.1　示波器的功能

示波器能迅速显示电信号的全貌以及每个细节,除了用于显示波形外,还可用来测量电信号的各种参数,包括信号的直流电压分量与交流电压分量、频率、相位和时间关系等。

4.4.1.1　波形测试

示波器测量信号波形,最重要的是调节扫描电路,使扫描频率与被测信号同步。所谓同步,就是使被测信号频率与 X 轴扫描频率保持整数倍的比例关系,并且每次扫描的起点对应于被测信号波形的某一确定位置,只有这样,被测信号的波形才能稳定地显示在荧光屏上。

(1) X 轴选择开关置"扫描"位置,调节扫描电路的各控制器按钮,使荧光屏上出现水平扫描基线。然后调节 X、Y 轴移位旋钮,使扫描基线位于示波管的中心。调节亮度、聚焦、辅助聚焦等旋钮,使扫描线的亮度适当,聚焦良好。

(2)被测信号接至示波器 Y 轴输入端,选择适当的 Y 轴衰减量和增益,使被测信号的显示幅度适中。

(3)选择扫频频率范围,并调节扫描频率,使示波管上显现出被测信号的 1～3 个周期。

(4)调同步极性和同步方式开关(在有触发器的示波器中,还需调节"稳定度"和触发电平),使被测信号的波形显示稳定。

测波形时,用示波器可以观察波形的失真,另外可以读出信号的幅度(峰-峰值),这时示波器的 Y 轴放大灵敏度需预先校正。如示波器的 X 轴经过校正,则可测出信号的周期或频率。

4.4.1.2　电压测量

(1)标尺法

首先把 Y 轴输入端接地,再利用"垂直位置"旋钮把扫描线移至 X 轴某一固定位置(作为零点),在校好垂直位置的零点后再观测波形,记下要测试点的波形高度 H,则该点的电压为

$$V = K \times S_H \times H$$

式中,K 为探头的衰减稀疏;S_H 为垂直灵敏度。

(2)比较法

在校好零点后观测波形,此时可通过改变"垂直灵敏度"和调节"垂直增益"旋钮,使波形高度占垂直高度的 60% 左右,记下这时的波形高度 $H1$。然后不改变"垂直灵敏度"和"垂直增益",把输入信号改为示波器的比较信号 V_c,通过切换比较信号"幅度选择"开关可使信号幅度

与 $H1$ 相近,记下比较信号的高度 $H2$,则被测信号的电压为

$$V=(H1/H2)\times V_c$$

4.4.1.3　时间测量

利用示波器测量被测信号波形上任意两点之间的时间差,可以确定信号的周期以及它的时间参数,如上升时间与下降时间。

(1)标尺法

测量时要把"扫描扩展"或"扫描微调"置于"校准"位置,同时应使波形上被测两点位于屏幕全长的 80% 之内,如此时这两点间的水平距离为 L,而"扫描时间"旋钮置于时基因数为 T_s 的位置,则这两点的时间差为

$$t=T_s\times L$$

(2)时标法

利用示波器的时标发生器可以很准确地测出波形上任意两点间的时间,"时标"旋钮可以置于不同的开关位置,相应的刻度值是时标发生器的周期 T_m,如果波形的点太密,可以用"扫描扩展"使波形被测部分展开。假如被测两点间共有 N 个两点,则时间为

$$t=N\times T_m$$

4.4.1.4　相位测量

用示波器也可以测量两个或多个信号的相位关系。这时一般应使用外触发工作方式。在脉冲测量中,一般测量两个信号间的延迟时间,不管是使用单踪或双踪示波器,测量时只需记住第一个波形测量点和第二个波形测量点在显示屏水平轴上的位置,按上面的方法测出这两点的时间间隔,从而获得两个信号的延迟时间。对正弦波信号来说要测量同步信号的相位关系。

如果用双踪示波器,可以调到两个正弦波的幅度相等,然后根据两个波形的交点来推算两个信号的相位差 φ,由于交点处信号幅度相等,故从两信号幅度 A_1、A_2 与交点的高度就可求出相位差 φ:

$$A_1\sin\omega t_1=A_2\sin(\omega t_1+\varphi)$$

4.4.2　示波器在雷达保障中的应用

雷达工作时示波器是用来显示测角或测距状态的。在此状态下示波器只有部分旋钮是起作用的。此时,应将时间扫描旋钮逆时针旋到底,幅度调节旋钮都旋到 1 V,交直流转换旋钮放到 DC 状态,适当调节水平和垂直旋钮使得图像在显示屏中间位置即可。

示波器(图 4.3)作为测试仪表时,可以测试雷达的各种波形及直流电平,如程序方波、发

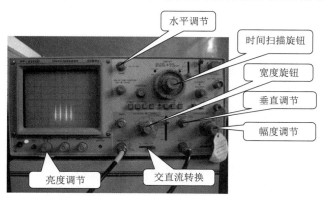

图 4.3　示波器

射触发脉冲、精扫触发脉冲等。此时，应将时间扫描旋钮顺时针旋转到测试基线出现为止，并适当调节水平和垂直旋钮使得基线在显示屏中间位置。撤掉 X 和 Y 轴输入通道传输线，更换为测试探头，就可以进行测试了。

4.5 常用半导体器件判别方法

4.5.1 二极管

4.5.1.1 半导体二极管

一般用三用表测量半导体二极管的正反向电阻来判别其好坏。锗管用 R×1k 挡来测量。分别测量二极管的正反向电阻，二者相差越大越好。一般正向电阻为几百欧或几千欧左右，这样的二极管是好的。如果正反向电阻为无穷大，表示内部断线；正反向电阻都为零，表示 PN 结击穿或短路。如果正反向电阻一样大，这样的二极管也是坏的。硅管反向电阻大，一般表针不动。

4.5.1.2 发光二极管

一般也用三用表测量正反向电阻进行判别。

由于发光二极管正向工作电压一般在 1.5～3 V，工作电流在 1 mA 以上，所以用三用表测量其正反向电阻值时，应将量程打至 R×10k 挡。注意：三用表在 R×1～R×1k 挡时，表内 1.5 V 电池为工作电源，R×10k 挡表内使用 9 V 或 15 V 电池为工作电源。发光二极管电阻值如表 4.1 所示。

表 4.1　发光二极管电阻值

正向电阻	反向电阻	发光二极管判别
几千欧	无穷大	正常
零(很小)、无穷大	较小、零	坏

4.5.1.3 稳压二极管

将三用表置于 R×100 或 R×1k 挡，对稳压二极管进行导通测量。

第一次测量后将表笔位置对调一下再测量一次，记下两次测量电阻值。其中阻值很小的为正向导通电阻，阻值很大的为反向阻断电阻，后一个数值比前一个大几十倍到几百倍为正常。如果两次测量电阻值都很小或为零，则是稳压二极管击穿或内部短路，如果两次测量电阻值都很大或为∞，则是稳压二极管内部接触不良或断极。在稳压二极管正向导通时，负表笔接负极，正表笔接正极。

4.5.2 三极管

4.5.2.1 基极(B)的判断

先假定某脚是基极，使用三用表的电阻挡，将一表笔与该脚接触，另一表笔分别与另外两管脚接触，如两次测得的阻值都大或都小，则假定的管脚就是基极。否则继续假定测试，直到找到基极为止。

4.5.2.2 管型的判断

在确定管子的基极后，要判断管子是 PNP 型还是 NPN 型的。判断方法是：用红表笔接管子的基极，黑表笔分别接另两个管脚，如测得的电阻均小，调换表笔再测，测得的阻值均大，则该管是 PNP 型的。反之，则是 NPN 型的。

4.5.2.3　发射极(E)与集电极(C)的判断

先假定某脚为 E 极,将红表笔接到假定的 E 极(管子定为 NPN 型,如管子为 PNP 型的,则表笔反过来测试即可,下同),另一表笔接到假定的 C 极,用手指同时捏一下 B、C 两极(注意两极不要相碰),看表针摆动大小,然后将假定的 E 与 C 调换一下,用通用的方法重测一次,比较两次测试表针摆动幅度,表针摆动大的那次假定是正确的,则红表笔接的是 E 极。这种方法实际上是测试管子的放大能力,表针偏转越大则放大能力越强。

知道了以上信息,就可以用三用表的晶体管测试挡位插座来测试其性能了。我们还可用测量管子的发射结反向电阻来判断被测管是高频管还是低频管。可用不同电压电阻挡来测试管子的发射结反向电阻,若测试结果无明显变化,则被测为低频管,若用高压挡测试时,表针偏转明显变大,则被测管为高频管。

4.5.3　可控硅

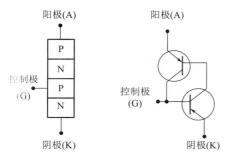

图 4.4　可控硅结构原理图和用
三极管模拟的等效电路图

在正常情况下,可控硅的控制极(G)到阴极(K)是一个 PN 结,它具有 PN 结特性(图 4.4)。在测量时,负表笔接 G,正表笔接 K,应有正向导通电阻值。正表笔再接阳极(A)时,阻值应为无穷大。然后再将正表笔接 G,负表笔接 K,应为 PN 结的反向电阻值。再用负表笔接 A,阻值也应为无穷大,测量 A~K 之间的正反向电阻值均为无穷大,测量结果如果符合上述要求,一般来说可控硅是好的。如果 G~K 之间的正反向电阻值都为零,或 G~A 和 A~K 之间正反向电阻都很小,说明可控硅内部击穿或短路,如果 G~K 之间的正反向电阻都为无穷大,说明可控硅内部断极。

4.5.4　集成电路

模拟集成电路用得较多的是集成运放,由于它的引脚很多,拆卸不便,对它的测试最好在线进行,这需要查看器件的《使用手册》并结合多年检修数据的积累。机器正常工作时,测量记录该集成块各引脚对地的电阻(不通电时)与电压(通电时),当出现故障时,再测量各引脚对地的电阻与电压,与正常值比较即可发现故障。然后进一步分析,找到故障的起因。对数字集成块可通过测试它的逻辑功能是否正确来判断它的性能。

4.5.5　单片机

在维修中如果怀疑 CPU 工作不正常,首先要对 CPU 工作的三要素进行检查。供电电源用万用表可直接查出,时钟晶体是否振荡也可通过测电位或测波形查出,对于复位电路而言则较为困难一些,这是因为复位脉冲的存续时间很短,用常规的方法检查不易看出。

怎样快速判断 CPU 复位是否正常?应先检查 CPU 复位端电压是否与电路图所标电压相等。如所测电压与电路图所标不相等,应对复位电路进行检查或替换,如电压相同,再对 CPU 进行人工复位试验。方法如下:如复位电路低电平复位,则将 CPU 复位端瞬间接地;如 CPU 是高电平复位,可将 CPU 复位端通过一个 100 Ω 电阻瞬间接 CPU 的电源端,进行此操作后,如果 CPU 复位正常工作,则说明复位电路没有产生复位脉冲或复位脉冲没加到 CPU 复位端,应对复位电路进行检查。另外,单片机最小系统 8031 的 ALE 信号,它通常是时钟的 6 分频,一般情况下只要 ALE 有输出,单片机硬件基本无故障。

4.6　常见故障原因分析及排除

L 波段探空雷达技术含量较高,所用的元件大多是集成化程度很高的集成电路和模块,分立元件不多。在使用过程中出现的故障是多种多样的。检修方法一般有替代法和孤立法。基本思路是"顺藤摸瓜",逐段检查。

4.6.1　天馈线系统

4.6.1.1　高仰角经常丢球

(1)原因分析

第一种情况,判断是否从建站开始就经常存在高仰角丢球现象,可以通过观察天线在高仰角跟踪时摆幅是否比较大。如果是,就得考虑是不是某根馈源极化方向不对所致。第二种情况,通过观察四条亮线是否一会儿两两不齐、一会儿齐,来判断程序方波有没有加至开关管套和增益指示是否有跳变现象,进而确定前置高放是否正常工作。这种情况,需要考虑 WT9 电缆中的程序方波传输芯线和 12 V 电源传输芯线在天线高仰角时有接触不良现象,用万用表对 WT9 电缆进行测量,测量时晃动 WT9 电缆可以发现上述芯线有开路情况,判断 WT9 电缆芯线断裂造成天线高仰角经常丢球。

(2)解决方法

第一种情况通过调整馈源极化方向来解决;第二种情况是可以通过更换 WT9 电缆来解决。

4.6.1.2　放球信号弱,后程飞点多

(1)原因分析

信号弱首先判断接收机的情况,可以通过换接收机备件来判断接收机的好坏。如果更换接收机信号还是弱,那么问题就出在天馈线,这种情况一般不考虑小组天线和小组馈线以及和差环,大概率是总馈线信号衰减造成信号弱。总馈线指的是从和差环输出端到高放输入端,其中包括环流器、限幅器、前置高放、隔离器、高频旋转关节以及连接电缆。其中任何一个出现问题都会造成信号弱。

(2)解决方法

首先,可以用万用表测量连接电缆是否开路、短路。其次,可以用备件依次更换环流器、限幅器、前置高放来解决。

4.6.1.3　气高和雷达高度相差大

(1)原因分析

如果偶尔出现气高和雷达高度相差大的情况,可能是因为雷达没有跟在主瓣上而是跟在旁瓣上。如果确定是跟在主瓣上,那么可能是电轴上下偏移或者是仰角零度变化造成气高和雷达高度相差大。

(2)解决方法

首先,检查雷达仰角标零情况。其次,可以通过对三轴一致性进行检查标校来解决。

4.6.1.4　四根毛草不齐,亮线顶部冒须须

(1)原因分析

天馈线系统阻抗不匹配是造成四根毛草不齐或亮线顶部冒须须的主要原因。天馈线进水即馈源和小组馈线进水,调相器和调相器电缆不正常,高频接插件的接触不良,以及前置高放、

环流器、限幅器的个体差异都会造成阻抗不匹配。此外,开关管套开、短路,程序方波没有送到开关管套有时也会造成四根毛草不齐。

（2）解决方法

首先,排查天馈线进水问题。其次,用 L27 整形器对 L27 高频插座的簧片进行整形,可以排除高频接插件接触不良。如果是高频器件个体差异造成的阻抗不匹配,则依次更换前置高放、环流器、限幅器。有时将发射机输出电缆和高频关节电缆对调也可解决该问题。

4.6.1.5　放球起始过程容易丢球

（1）原因分析

放球起始过程容易丢球,抛开接收机,单从天馈线系统分析,原因一般为天线波瓣扫描规律(也称换相规律)不对。天线波瓣的扫描规律是当仰角上升时,上亮线增高,下亮线变低,左右同时变低,但左右变低的幅度比下小;当仰角下降时,上亮线变低,下增高,左右同时变低,方位的增加、减小规律和上下一致。造成波瓣扫描规律不对的原因有很多:11-6 板输出的上、下、左、右程序方波不正常;程序方波没有送到开关管套上;开关管套开、短路等。馈源、小组馈线、调相器漏水也会造成波瓣扫描规律不对。一般来说,两路程序方波同时不正常会造成丢球。

（2）解决方法

天线波瓣的斜率太小,如属于和差环、调制环问题,台站无法解决,但一般为天馈线系统中某个部件阻抗不匹配造成,可通过更换前置高放、环形器、限幅器等来试验。程序方波可以用示波器检查,程序方波由 11-6 板产生,送至和差箱中的开关管套,程序方波不正常,可以通过更换 11-6 板和有故障的开关管套来解决。判断开关管套好坏的方法如下:先断开 WT9 电缆,把万用表打到欧姆(×1k)挡,黑表棒接地,红表棒接开关管套上电阻脚,电阻应为 5～10 kΩ,反接应开路。也可将 11-6 板拔去,换为转接板,在 XP1 的 3、4、5、6 头测量。

4.6.1.6　四条亮线两两不齐

（1）原因分析

天馈线某根馈源和小组馈线以及某根调相器进水,某个开关管套中 VK105 开关管击穿,WT9 电缆中某根程序方波传输芯线断裂,11-6 板某路程序方波产生电路故障都会造成四条亮线两两不齐。四条亮线两两不齐,其中问题肯定出在高的那两路中,譬如,上下齐、左右齐,但上下幅度比左右高,说明问题应在上下两路中的一路。可用示波器探头对四路程序方波进行检测,具体测量位置为 11-6 板 6XP1 插头中的 3、4、5、6 脚,分别是上、下、左、右四路程序方波。示波器设置幅度挡为 5 V,扫描挡为 5 ms,探头×1 挡。

假如上程序方波没有,从示波器上看是一根直线,说明不是 11-6 板上程序方波产生电路故障,就是上开关管套短路所致。程序方波产生电路故障主要出在其放大部分,一般来说三极管 3DK4B 和 3CK3C 坏的可能性较大,用万用表可测出。开关管套短路,主要是管套中绝缘云母片破裂,未起到绝缘效果,将程序方波吃掉。还有就是 11-6 板程序方波产生正常,但未送至开关管套,最大可能性为 WT9 电缆中传输上程序方波的芯线断裂。最后一种可能就是开关管套中 VK105 开关管被击穿开路,最终使得波束无法向上偏扫,直接后果是电轴向下大范围偏移,造成测角不准。其他三路故障依次类推。

（2）解决方法

更换故障 11-6 板或对损坏的三极管 3DK4B 和 3CK3C 进行更换处理,更换断裂的 WT9 电缆,更换有问题的开关管套或其中的 VK105 开关管,故障可排除。

4.6.1.7 接收信号弱,有无信号时增益指示均偏大

(1)原因分析

四条亮线正常,增益指示偏大,问题可能在总馈线部分。更换前置高放、限幅器等均没有效果。将前置高放跳过,增益指示反而还小一些。怀疑前置高放后端线路有问题。检查主轴电缆,发现主轴电缆短路。

(2)解决方法

打开主轴电缆插头,发现有一根铜丝将芯线与外壳短接。将插头重新进行焊接,故障排除。

4.6.1.8 高频电缆维修

高频电缆维修见图 4.5。

图 4.5 高频电缆维修示意图

4.6.2 发射系统

4.6.2.1 高压工作正常,全高压加不上

(1)原因分析

① 磁控管不正常会导致半高压正常,全高压加不上,原因是如果磁控管用的时间比较长,或者被铁器磁化过,使磁控管充磁受到损伤,造成全高压时因功率不够而不能正常工作。

② 脉冲变压器不正常,也会造成此现象。因为脉冲变压器是产生高压的器件,如果脉冲变压器的初次级与地耐压不够,而造成打火等原因,使全高压加不上。

③ 仿真线上的高压电容不正常,使其在半高压时,电容能承受,而全高压时仿真线上的某一只电容可能不能承受其高压而被击穿,导致全高压加不上。

④ 排除大发射机本身故障以后,全高压还是加不上,那么就是 11-2 板全压/半压控制电路出了问题。一般来说为 11-2 板 V8(3DK4B)损坏所致。

(2)解决方法

更换故障器件可解决该问题(注:拆装磁控管时需用不锈钢起子)。

4.6.2.2 半高压工作不正常

(1)原因分析

① 发射机上 V1、V2、V3、V4、V5、V6、V9 整流二极管中的任何一只损坏都将没有高压输出或高压输出低。

② 仿真线上的某一只电容击穿造成仿真线上无高压,而不能正常工作。

③ V16、V17、V18 三只晶闸管任何一只损坏也会使发射机不能正常工作。

④ 发射触发信号没有加到 V16、V17、V18 晶闸管上,晶闸管将不能导通而使发射机不能正常工作。

⑤ 11-2 发射控制板故障也会使发射机高压加不上,如自检电路显示过荷保护,判断为发射机保护电路出了问题,将 D1:74LS77 拔掉,用万用表检查 10 V 稳压管 V1,发现击穿,正常情况,该管正向电阻约 1.2 kΩ,反向电阻约 6.5 kΩ。若该管是好的,就应该是 D1:74LS77 损坏。如自检电路显示反峰保护,那么就可能 10 V 稳压管 V2 被击穿。

(2)解决方法

更换故障器件,问题可解决。以下故障器件的测量方法可作参考(以下检测均以 MF79 电表为例)。

① 高压电容的检测

将电表的正表笔接高压电容与线圈相连的公共端(图 4.6),负表笔接电容的另一端,电表打在×1k 挡测量;电容正常时两表笔之间的阻值为 15 kΩ 左右,若被击穿,则两表笔之间的阻值变小,为几十欧到几百欧不等。

② 晶闸管的检测

将电表的正表笔接晶闸管阳极 A 点,负表笔接晶闸管触发极 B 点(A、B 点如图 4.7 所示),电表打在×10k 挡测量,测得阻值为 0.4 MΩ 左右,若晶闸管被击穿,两表笔之间短路;测量触发极与阴极即 BC 两端的阻值为 40 Ω 左右(测量时将两极都拆下来),若损坏,则两表笔之间阻值变得很大。

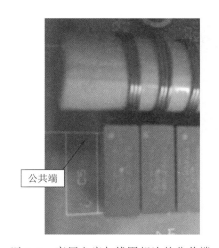

图 4.6　高压电容与线圈相连的公共端

图 4.7　晶闸管

③ 11-2 板 V8(3DK4B)的测量

在电表打在×1k 挡时,负极接基极,电表正极接 V8 的发射极,可测得两表笔之间的阻值为 9 kΩ 左右,反向测量电阻很大;正极接基极,负极接发射极,两表笔之间阻值为 400 kΩ 左右,反向很大;正极接集电极,负极接发射极,两表笔之间阻值为 500 kΩ,反向很大。

④ 大发射机面板 V11(3DK9H)的检测

发射机不工作,有可能是由于发射触发没有加进来,晶闸管没有导通工作。可以先用示波器探头测量接发射机插头的第二脚有没有脉冲输入(不受高压开关控制)。若有,则排除电缆损坏,测量大发射机面板上三极管 V11(3DK9H)是否损坏。将电表(×1k 挡)正极接三极管的基极,负极接三极管集电极,测得两表笔之间电阻值为 10 kΩ 左右,反向测量阻值为 1 kΩ 左右;将电表(×100 挡)正极接三极管基极,负极接发射极,测得两表笔之间的电阻为 500 Ω 左右,反向测为 1 kΩ 左右;正极接三极管的集电极,负极接三极发射极,测得两表笔之间的电阻值为 750 Ω 左右,反向测量两表笔之间的阻值为 5 kΩ 左右。若三极管烧坏,则两表笔之间的电阻会有很大的变化。

4.6.2.3 磁控管电流指示和增益指示满偏,天线失控

(1)原因分析

此为大发射机出现故障。一般为脉冲变压器损坏所致,导致电流加大,将阻值为 15 Ω 的 R26 电阻烧至开路,光线暗时可以看到该电阻中间有打火现象。脉冲变压器 1 和 2 头是一组,3 和 4 头是一组,即 1、2 两头通,3、4 两头通,其他两两都不通,可作简单的判断。

(2)解决方法

更换脉冲变压器和 R26 电阻。

4.6.2.4 小发射机有主波无回波

(1)原因分析

如果小发射机天线及输出电缆因漏水短路,那么将造成小发射机功率发射不出去,全部反射回来,所以造成有主波无回波。

(2)解决方法

对漏水天线及输出电缆进行烘干处理,故障可排除。

4.6.2.5 小发射机加电使毛草不齐或压信号

(1)原因分析

小发射机与天线的不匹配,或小发射机本身有自激现象,都会造成上述故障,有时开大发射机也会出现上述现象。

(2)解决方法

可以通过更换小发射机来解决。

4.6.3 接收系统

4.6.3.1 接收不到信号

(1)现象

当探空仪工作时,示波器上无信号也无杂波。

(2)可能原因与排除方法

① 中频通道盒输入电缆松动,接触不好,重接电缆线。

② 室内外连接中频电缆被压坏或损坏,信号不通。用三用表检查电缆的好坏,若坏,更换中频电缆。

③ 增益电压设置太小。重新设置增益电压。

④ 高频组件没有电源电压。用三用表检查输入插头各点电压是否正常。查实后排除。

⑤ 高频组件不正常。用备用高频组件代换。

4.6.3.2 能收到信号,但幅度太小

(1)现象

探空仪工作时,示波器上幅度很小(小于1),四条亮线很矮。

（2）可能原因与排除方法

① 本振频率不对。对探空仪信号进行重新调整。

② 频控电路工作不正常。仔细检查 11-1 板和中频通道盒,核实有故障后更换。

③ 限幅器工作不正常。更换限幅器。

④ 天线、馈线系统中电缆不通或接触不好。更换电缆。

4.6.3.3 增益电压或频调电压不受控制

（1）现象

在对探空仪信号调整增益或频率时,示波器上信号不变。

（2）可能原因与排除方法

① 11-1 板增益电压或频调电压没送出。用三用表检查 11-1 板和 11-4 板,如两电压未能随按键变化而变化,更换 11-1 板或 11-4 板。

② 中频通道盒工作不正常。更换中频通道盒。

③ 频控电路工作不正常。细查 11-1 板,核实有故障后更换。

④ 连接线或电缆芯线不通。用三用表检查,核实后更换相应连接线。

4.6.3.4 信号太强,有严重饱和现象

（1）现象

转动雷达天线的方位角或仰角,示波器上的四条亮线高矮不变化,亮线顶部有淡而高的细线条。

（2）可能原因与排除方法

接收机增益太高并且频率不对。将接收到的探空仪信号在示波器上展宽后,一边降低接收机增益,一边调整其频率,直至接收到探空仪信号幅度最大为止。

4.6.3.5 在增益"自动"时,幅度仍随信号变化

（1）现象

在接收机增益设置为"自动"时,接收信号幅度不为 2 V 左右,并且不能保持为恒定值。

（2）可能原因与排除方法

11-4 板自动增益指令没有送出,更换 11-4 板;11-1 板 AGC 电路工作不正常,更换 11-1 板。

4.6.3.6 发射机工作后接收机收不到探空仪信号

（1）现象

发射机不工作时接收信号正常,一开发射机接收信号就被"压死"或变得很弱。

（2）可能原因与排除方法

① 11-3 板主抑触发脉冲没有送出。用示波器检查"主抑触发"的波形,应有大于 3 V 的脉冲波形。否则,更换 11-3 板。

② 中频通道盒上距离支路主抑脉冲宽度不合适。重新调整电位器,使主抑脉冲宽度为 200 μs 左右。

③ 限幅器工作不正常。用备用限幅器更换。

④ 中频通道盒 D174LS221 坏或者性能不良。更换 D174LS221。

4.6.3.7 探空飞码多问题

探空码飞码多,排除探空仪质量和地物影响后,首先检查测距信号是否正常,四条亮线是否饱满,如果测距信号正常:

(1)用示波器检查探空通道单元(11-1)电阻 R26 右端,信号输出幅度应为 5～6 V。如果幅度不够,可以调整电位器 RP9、RP11。

(2)用三用表检查电阻 R66 左端与地之间的电压是否为－0.35～－0.4 V,如果不正常,可以调整电位器 RP2。

(3)如有条件,可以检查选频支路是否调谐在(32.7±0.5)kHz,如有偏差,可以适当调整选频电路的电容的容量;或更换探空通道板(11-1)。

(4)如中频通道盒角信号输出幅度小,也会造成飞码。补救措施为在 C26 上并联一个 50～100 P 的电容。

(5)如测距信号幅度小,也可对中频通道盒的中频放大器级间的衰减网络电阻进行调整。否则,更换中频通道盒。

(6)如测距信号差,飞码多更换高频组件。

4.6.4 测角系统

4.6.4.1 放球过程中,方位角度指示有时变化,有时不变
(1)原因分析

方位的粗精搭配不对会造成方位角度指示有时变化,有时不变化的现象。

(2)解决方法

对 11-8 板进行粗精搭配,将 S2 拨码开关第一位拨至"ON"状态,检查方位粗读数减精读数是否为 10～20,不在范围内,则需通过 S1 拨码开关重新搭配。

4.6.4.2 上下或左右摇动天线时,影响四条亮线
(1)原因分析

上下或左右摇动天线时,影响四条亮线,是由同步机激磁绕组打火造成。同步机打火是由于激磁绕组接触不良所致,打火产生丰富的高频成分被雷达接收机接收,从而干扰正常信号,即影响四条亮线。用示波器探头分别检查 11-7 板精粗模块 S1、S2、S3 的波形,示波器上正弦波形的幅度应随着天线的转动变化,如果发现精模块上的波形或者粗模块的波形有毛刺,即可断定同步机打火。

(2)解决方法

更换或修理打火同步机。

4.6.4.3 俯仰角度显示不对,不能从 0°～90°变化
(1)原因分析

此故障现象可以推断出是仰角轴角变换分系统有问题,包括 11-7 板和俯仰同步轮系。首先更换 11-7 备份板,如故障依旧,可判断为同步机(图 4.8)出了问题,将 11-7 板用转接板升起来,把 S2 开关的第一位拨至"ON"状态(搭配状态),慢慢转动天线,观察粗读数和精读数是否均匀地变化,如果粗读数不变,说明就是粗同步机不好,如果精读数不变,就是精同步机不好。

图 4.8 同步机

(2)解决方法

拆下和差箱,打开俯仰同步轮系舱盖,拆下故障同步机,更换或者修理。此故障多为同步机激磁绕组不通。修理时,拆开同步机有机玻璃盖板,用镊子对激磁绕组簧片进行整形,使其

充分接触激磁绕组轴(注:面对同步轮系舱,左边的是粗同步机,右边的是精同步机)。

4.6.4.4　放球时,仰角角度乱跳

(1)原因分析

轴角转换模块(SDC)和粗同步机不好,都会出现角度乱跳现象。将 11-7 板 S2 开关第一位拨至"ON"状态,缓慢转动天线,观察粗读数是否有规律变化,如果读数不变化或者无规律变化,说明粗同步机不好。

(2)解决方法

更换故障模块和故障粗同步机。

4.6.4.5　天线动,角度不动

(1)原因分析

天线动、角度不动一般来说只有两种可能:其一为轴角转换板(11-7 板或 11-8 板)故障或精同步机激磁绕组不通;其二为同步轮系轴断,这种情况相对较少。轴角转换板出现故障(主要是单片机系统)将无法对采样来的模数转换信号进行处理,故而角度不会变化。用示波器探头测试 11-7 或者 11-8 板的粗精模块 S1、S2、S3 端子,示波器上显示的正弦波应随着天线的转动,幅度也在不断地变化。如果粗精模块上的波形不变化,那就要检查一下同步轮系的轴是否断了,同步轮系轴断使得天线转动带动不了同步机旋转,故而产生不了变化的模拟信号给模块 SDC,所以角度也不会变化。

(2)解决方法

更换故障轴角转换板(11-7 板或 11-8 板),更换或修理故障精同步机,更换同步轮系。

4.6.4.6　方位、仰角显示均不变化

如伴随其他通信不正常,可能为 5 V 电源偏低,调高 5 V 电源。如其他通信正常,则可能 ～110 V 故障或没有送到天线座或大底板,检查相关线路。同步轮系故障,同步轮系某个固定销脱落或齿轮轴断裂,造成同步机不能随动。重新固定齿轮销或更换同步轮系。

4.6.4.7　方位或者仰角显示跳变

(1)同步机或汇流环接触不良,清洗同步机电刷或汇流环刷架。

(2)粗精搭配不正常,检查粗精搭配(如果粗精搭配失效,检查其最近的 74LS244-D10 是否正常)。

(3)如显示总是在 0°～99°变化,可能是在粗精搭配状态,将拨码开关 S2 第一位拨回"OFF"状态;11-7、11-8 单板本身故障(如轴角模块),更换电路板。

(4)同步机故障,更换同步机。

(5)5 V 电源电压偏低,也有可能会造成角度显示跳变。5 V 偏低同时也会造成其他一些故障现象。可将电源箱接到大底板的 XP4 插头插拔两下,防止插头氧化接触不良,造成压降增大。如仍不能解决,可调整 5 V 开关电源输出电压。

4.6.4.8　方位仰角标定值经常会变化

可能是同步机的夹板没有夹紧或同步轮系损坏,拧紧同步机夹板螺钉或更换同步轮系。

4.6.4.9　摇动方位或仰角时,四条亮线跳变

同步机转子或汇流环接触不良,导致打火,清洗。

4.6.4.10　天线转动过程中有 10°跳变的情况

11-7 或 11-8 粗精搭配不正常,检查粗精搭配。

4.6.4.11　检修注意事项

(1)检修时,注意单板不能插反,否则可能会造成单片机 8031 等烧毁。

(2)激磁电压 110 V 超出安全电压,检修时注意不要与身体接触,防止造成电击。

(3)安装同步轮系时,应对 Z3 双片齿轮进行拨齿,使两齿之间的扭簧受力。否则可能会造成齿轮之间有回差,影响角度显示精度。

(4)更换同步机或同步轮系后,应重新进行粗精搭配和零点标定。

(5)为防止不明显的角度变化影响探测精度,在雷达安装完毕后,应找几个固定目标物,定期检查方位、俯仰角度是否正常。

(6)方位、俯仰轴角变换单元(11-7、11-8)两块单板,其电路基本一样。可应急使用,但需要重新检查零点是否正确。

4.6.4.12　如何检查同步机好坏

检查同步机,分别将粗精同步机的激磁绕组拆下一根导线。用万用表×100 欧姆挡分别测量粗精同步机的 Z1、Z2 端,正常情况下,应有 1.2 kΩ 左右的阻值,并且在转动天线时,阻值应不变。如果开路,或偶尔有阻值、偶尔开路,就说明该同步机激磁绕组不通或接触不良。

4.6.4.13　方位回差问题

操作步骤:

(1)将天线座方位驱动箱面板打开,取掉方位电机屏蔽罩,将电机连接电缆松开。用内六角扳手将图 4.9 上的定位螺丝松开并取下(共四个螺丝,为黑颜色),在每边两定位螺丝中间有一定位销,此时用平口起子将方位驱动齿轮箱轻轻撬下(在此过程中动作不要过大,不要损坏天线座内其他零部件)。

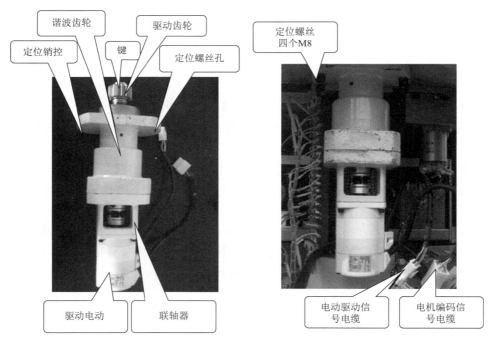

图 4.9　方位驱动齿轮箱

(2)从反面将两定位销敲平或敲出(重新安装时不用定位销)。用手旋转图中的驱动齿轮,应该没有转动的间隙,如果转动的间隙较大,则需更换连接齿轮箱和齿轮的键(键在齿轮和轴的连接处)。

(3)若没有间隙,则重新安装驱动齿轮箱。将驱动齿轮箱装进天线座内,并且图中驱动齿轮与天线座内大齿轮要对好,并且尽量靠紧,将四个定位螺丝上上去(不上紧),此时,用手转动天线(用力不要太大),天线如果还有间隙,再用工具将方位驱动齿轮箱往里敲,让驱动齿轮和大齿轮的间隙越小越好,直到用手转动天线时的间隙很小,此时上紧四个定位螺丝。

图 4.10　驱动器

(4)恢复其他连接线或零部件,重新开机检查回差的大小。

4.6.4.14　交流伺服电机驱动器设置

(1)MSMA023A1A 型驱动器设置

L 波段探空雷达方位仰角驱动采用日本松下公司生产的 MINASA 系列电机及驱动器(图 4.10)。其电机型号为 MSMA023A1A,驱动模块型号为 MS-DA023AIA。从型号可以看出,这是一型小惯量、A系列、200 W、单相 220 V 电压、增量式编码器、无油封、无制动器、直轴电机。该电机具有驱动能力强、设置方便、保护功能强等特点。

电机和驱动器之间通过两根电缆线相连。其中一根电缆线传输三相驱动电压 U、V、W 信号加地线共四根线,另一根传输 5 V 编码器电源、三相编码器信号和串口信号共 11 根线。

通过驱动器的设置,可实现对电机控制方式、速度、转向、限位、零速箱位等功能的改变。雷达出厂时,已对驱动器进行设置,如驱动器需更换,要确认备份的驱动器设置在方位还是仰角状态。

如有时备件是方位驱动器,要换到仰角上使用,需对部分设置进行更改。一是增加仰角限位功能;二是对电机转向进行更改。设置内容:将 04 设置为 0,将 51 设置为 1。

驱动器设置的具体方法如下:

① 限位设置

a. 接通驱动器电源;

b. 按 SET 按钮,按 MODE 按钮,此时显示 PR--r00;

c. 按左、上、下按钮选择你需要的参数号码,这里选 04;

d. 按 SET 按钮,用上、下按钮改变数值,将 1 改为 0;

e. 按 SET 按钮;

f. 按 MODE 按钮;

g. 按 SET 按钮,出现 EEP—;

h. 按住向上按钮(约 3 s)显示屏上的短横杠逐渐增加,开始写入,瞬间会显示 Start,完成后显示 Finish。关掉电源后再接通电源,写入内容生效。

② 转向设置

a. 接通驱动器电源;

b. 按 SET 按钮,按 MODE 按钮,此时显示 PR--r00;

c. 按左、上、下按钮选择你需要的参数号码,这里选 51;

d. 按 SET 按钮,用上、下按钮改变数值,将 0 改为 1;

e. 按 SET 按钮;

f. 按 MODE 按钮;

g. 按 SET 按钮,出现 EEP—;

h. 按住向上按钮(约 3 s)显示屏上的短横杠逐渐增加,开始写入,瞬间会显示 Start,完成后显示 Finish。关掉电源后再接通电源,写入内容生效。

如原先驱动器设置的是仰角状态,需将仰角调整为方位,方法与上面类似。只是需将 04 设置为 1,将 51 设置为 0。

交流伺服驱动器报警功能较强,当出现接线错误、发生电器或机械故障时,驱动器会报警,此时,驱动箱面门的报警指示灯亮。此时可打开驱动箱的上盖板,观察驱动器面板的指示窗显示的报警号"Err××",对照表 4.2,可以找出故障原因,从而有针对性地排除故障。

表 4.2 交流伺服电机驱动器告警原因及对应措施

保护	报警号码	原因	对应措施
主电源欠电压	13	主电源变换器直流母线端电压在伺服 ON 时低于规定值。 ①主电源线电压太低,发生瞬间停电,电源容量太小,主电源切断,或者主电源没有接入。 ②电源容量太小,由于电源接通时冲击电流造成线电压跌落。	测量端到端电压(在 L1、L2 和 L3 之间)。 ①增加主电源的容量或用较大的替换它,或者排除电磁接触器失误的原因,再重新启动电源。 ②增加主电源的容量。 ③纠正主电源的相(L1、L2 和 L3)连接。如果主电源是单相 100 V,用 L1 和 L3。 ④核查主电源和控制电源的接通时序。
过电流	14	在变换器中流过的电流大于规定值。 ①驱动器工作失误(因为电路或 IGBT 部件故障)。 ②电机接线(U、V 和 W)短路。 ③电机接线(U、V 和 W)与地短接。 ④电机烧坏。 ⑤电机接线连接不良。 ⑥由于频繁的伺服 ON 与 OFF,动态制动器的继电器触点熔化而黏连。 ⑦电机与驱动器不匹配。	①断开电机的连线,进入伺服 ON 状态。如果此故障是立刻发生的,驱动调换一个新的(工作正常的)。 ②核查 U、V 和 W 接线是否在连接处短路。必要时把它们重接一次。 ③测量 U/V/W 与地线之间的绝缘电阻,如阻值不正确,换新的电机。 ④测量 U、V 和 W 之间的电阻值,如果它们不平衡,换新的电机。 ⑤核查 U/V/W 连接器的脚是否用螺丝拧牢。应当拧紧松的接头。 ⑥调换新驱动器。不要用伺服 ON/OFF 来启动或停止电机。 ⑦核查电机与驱动器标牌上的容量,如不匹配,调换正确的。
过载	16	当转矩指令的积分超过规定的过载值时,过载保护通过特定的限时操作而动作,这是由于长时间超过规定转矩限制值操作造成的。 ①长时间超过额定负载和转矩操作。 ②由于不正确的增益引起的振动和抖动,造成振动和/或异常噪声。 ③电机连线连接错误或断裂。 ④机器碰到重物,或突然变得重载或机器被缠住了。 ⑤电磁制动器接触。 ⑥在多驱动器的系统中,某些电机被错接在别的轴上。	用示波器监视转矩(电流波形),检查转矩是否有浪涌。检查负载比率和过载报警信息。 ①增加驱动器和电机的容量,延长加速/减速的斜坡时间。减少电机负载。 ②调整增益。 ③按接线图纠正电机接线,调换电缆。 ④使机器解去纠缠物,减轻电机负载。 ⑤测量制动器接线连接处的电压,断掉制动器。 ⑥纠正电机与编码器接线,以消除电机间的误配。

保护	报警号码	原因	对应措施
编码器 A/B 相出错	20	检测不出 A 和 B 相脉冲,11 线编码器失效。	按接线图纠正编码器接线,纠正接线引脚的连接。
编码器通信出错	21	由于编码器与驱动器之间没有通信联系,编码器坏线检测功能被激活。	
编码器连接出错	22	11 线编码器与驱动器之间的连接断裂。当控制电源接通时,编码器转速高于规定值。	确保编码器的电源是 5VDC±5%(4.75～5.25 V)。特别在较长连线情况下,要注意满足这要求。不应把编码器和电机的接线捆扎在一起。把屏蔽连接到机身。
编码器通信数据出错	23	主要由于噪声,编码器送一个错误数据,虽然数据不对,但编码器连接不错。	
过速	26	电机速度超过规定的限制值。	减低目标速度(指令值),减少 Pr50(速度指令输入增益)值。调整分倍频比率,使指令脉冲频率为 500 kpps 或更小。如果发生过冲重调增益,按图纠正编码器接线。
行程限位信号禁止输入保护	38	顺时针和反时针行程限位禁止输入都断开。	核查组成该电路的开关、接线和电源。核查控制电源能够无延迟地建立。核查 Pr04 值,必要时纠正接线。

(2)AS 系列(MADKT1507CA1)型交流伺服驱动器设置

大修后的雷达基本都采用 AS 系列(MADKT1507CA1)型交流伺服驱动器,方位仰角伺服驱动器均需按照表 4.3 参数进行设置,其余参数不作处理,默认出厂设置。

表 4.3　方位仰角伺服驱动器参数

参数号码	名称	设定值
001	控制模式设定	1
302	速度指令输入增益	500
315	零速钳位机能选择	1
504	驱动禁止输入设定(方位/仰角)	1/0
000	方向设定	0/1

图 4.11　方位同步轮系在天线座内

4.6.4.15　L 波段方位同步轮系更换

L 波段方位同步机系在天线座内安装位置如图 4.11 所示。

(1)拆卸步骤

拆卸时,先将固定同步轮系的四个内六角螺丝松开取下,用"一字起"轻轻将同步轮系撬下,因有"定位销"在上面,注意两边同时撬,同时用手托住同步轮系,避免损坏齿轮箱。内六角螺丝和"定位销"位置见图 4.12。

将固定精同步机(右侧)轴的夹板和固定粗同步

机(左侧)轴的夹板各两个螺丝分别拧紧。夹板位置如图 4.12 所示。

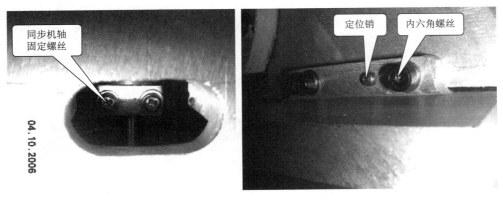

图 4.12　同步轮系固定螺丝及固定夹板

(2)安装步骤(图 4.13)

将同步轮系上双片齿轮用光铜线固定,固定方法如下:

① 先将同步轮系上双片齿轮下齿握住,上齿顺时针旋转 2～3 齿;

② 用"一字起"顶住旋到位的双片齿轮齿口;

③ 用铜线或细铁丝将双片齿轮固定。

图 4.13　安装步骤

　　双片齿轮固定是为了避免齿轮之间的回差造成角度指示不准确。安装时先不要拆下光铜线(图 4.14)。

　　将拆下的同步机装到同步轮系上(注意粗精同步机位置不能装反),将固定粗精同步机的各四个螺丝分别拧紧。如同步机法兰盘安装不到位,请更换法兰盘。夹板螺丝可先不拧紧。

　　将同步轮系按拆下前的位置装上,拧上四个内六角螺丝,先不要拧得太紧。将双片齿轮与同步齿轮靠紧,使两齿轮间不要有间隙。可两人配合,一人顶紧同步轮系,一人将内六角螺丝拧紧,注意上螺丝时应对角拧紧。

　　将同步机轴夹板上的两个螺丝拧紧,这时同

图 4.14　双片齿轮位置

步机轴应没有大的窜动。此时,可以用尖嘴钳将双片齿轮上的光铜线拆掉。注意,拆时不要损伤齿轮;在光铜线拆除之前,严禁转动天线!

同步轮系安装完毕后,需对方位角度指示做粗精搭配检查,方法见说明书。最后再对方位重新进行标定。

至此,同步轮系更换完毕。

4.6.5　测距分系统

4.6.5.1　开机时或工作一段时间后,无 2 km 扫描线

(1)原因分析

此故障可能是 11-3 板(测距板)出了问题,11-3 板产生的精扫触发脉冲送给 11-2 板显示电路,产生精方波再生成锯齿波送至示波器 X 轴产生 2 km 扫描线。如果 11-3 板没有产生精扫触发脉冲,也就不会产生 2 km 扫描线。11-2 板显示电路出故障的概率很小。用示波器探头检测 11-3 板上的 D23:74LS244 的第 14 脚,应有幅度为 TTL 电平的精扫触发脉冲信号。如没有,说明 74LS244 有损坏现象。

(2)解决方法

更换 D23:74LS244,故障可排除。

4.6.5.2　大发射机高压加不上

(1)原因分析

首先更换 11-3(测距)板,如故障消除,则说明故障出在 11-3 板,可能原因是发射触发脉冲(B)无输出,故而大发射机无法工作。可将示波器探头接在 11-3 板上的 XS1 插头的第 7 脚上或者接在 D23:74LS244 的第 3 脚,如看不到幅度为 TTL 电平的发射触发脉冲,则说明 D23:74LS244 损坏。

(2)解决方法

更换 D23:74LS244,故障可排除。

4.6.5.3　小发射机不工作

(1)原因分析

首先更换 11-3(测距)板,如故障消除,则说明故障出在 11-3 板,可能原因是发射触发脉冲(A)没有输出,故而小发射机无法工作。可将示波器探头接在 11-3 板上的 XS1 插头的第 8 脚上或者接在 D23:74LS244 的第 7 脚,如看不到幅度为 TTL 电平的发射触发脉冲,则说明 D23:74LS244 损坏。

(2)解决方法

更换 D23:74LS244,故障可排除。

4.6.5.4　没有任何触发信号

(1)原因分析

此故障通常为 11-3 板故障,可用示波器对 11-3 板上的晶振进行检查。将示波器探头接至晶振的输出端,若无幅度近 3.5 V 很密集的正弦波,可确定为晶振损坏。

(2)解决方法

更换晶振。

4.6.5.5　开机为测距显示,无测角四条亮线,开关不起作用,继电器无吸合的声音

(1)原因分析

调试测距板时,示波器的探头无意将 D22 的 13 与 14 脚短接,造成 D12 损坏。

（2）解决方法

更换 D12(74LS245)。

4.6.5.6 大发射机触发脉冲灯不亮,发射机不工作

（1）原因分析

无发射触发脉冲或发射触发脉冲幅度不够。首先检查 11-3 板 D13 是否有输出;如没有输出,则检查前端 D22 是否有输出,若 D22 也没有输出,则继续检查前端 D8 是否有输出。

（2）解决方法

根据故障定位,更换相应的集成电路。

4.6.6 终端分系统

4.6.6.1 每次雷达开机,频率指示跳至 1682 MHz

（1）原因分析

当前频率指示值是存放在终端板(11-4)上的集成电路 2817 中,每次开机后,频率指示的值如果不是上次关机时的频率,而是一个固定值,则判断终端板(11-4)上集成电路 2817 损坏。

（2）解决方法

更换集成电路 2817,故障排除。

4.6.6.2 雷达与计算机之间不通信

（1）原因分析

终端板(11-4)是雷达与计算机通信的唯一通道。一般来说,终端板(11-4)中单片机系统损坏的可能性较大,即 8031、74LS373、2764 中的某一个集成电路坏的可能性大一点。

（2）解决方法

依次更换集成电路 8031、74LS373、2764。

4.6.7 天控分系统

4.6.7.1 放球过程中,仰角频繁告警(台站俗称"卡死")

（1）原因分析

雷达运行过程中,天线转到某个方位时,出现仰角告警、天线仰角不动、驱动分机的"E 告警"亮红灯、"E 准备好"绿灯不亮故障现象。打开驱动分机盖板,可以看到仰角驱动器显示 22♯(大部分情况下都是 22♯)告警,出现这种情况主要是汇流环长期使用后出现一些污垢,刷架与汇流环接触不好,导致驱动电机的编码器连接出错(图 4.15)。

（2）解决方法

用浓度为 95% 以上的酒精擦洗汇流环,注意酒精不能太多。

4.6.7.2 放球过程中,方位频繁告警

（1）原因分析

开高压时,发射机高频信号干扰方位驱动电机,使得方位产生过速告警,天线方位不动,驱动分机的"A 告警"亮红灯,"A 准备好"绿灯不亮。打开驱动分机盖板,可以看到方位驱动器显示 26♯(大部分情况下都是 26♯)告警。

（2）解决方法

在方位驱动电机上加一个屏蔽罩,注意要把编码器线和控制线的插头一起包在屏蔽罩里。

图 4.15　交流驱动器

4.6.7.3　仰角卡死

（1）原因分析

雷达不开机状态，断开天线座 W6 电缆，用手上下扳天线，无法扳动，判断为仰角谐波损坏。可能是在平时的操作过程中，没有严格按照操作规范操作或操作过猛，使得仰角谐波被损坏（机械传动部分）。

（2）解决方法

更换仰角谐波。

4.6.7.4　摇动仰角，天线不转

（1）原因分析

扳动天线仰角操纵杆，放球软件上仰角角度不变，驱动箱俯仰无告警，在天线旁能听见电机空转声。打开俯仰驱动箱盖，检查传动皮带是否断裂。

（2）解决方法

更换皮带。

4.6.7.5　摇动方位，天线不转

（1）原因分析

雷达不开机状态，断开天线座 W6 电缆，用手水平扳天线，无法扳动，判断为方位谐波损坏。可能是在平时的操作过程中，没有严格按照操作规范操作或操作过猛，使得方位谐波被损坏。

（2）解决方法

更换方位谐波。

4.6.7.6　四条亮线参差不齐

（1）原因分析

在放球过程中，四条亮线参差不齐，主要是由于 11-6 板仰角和方位的采样零点漂移所致。具体为 D14（LM358 或 LM158）运放不稳定造成。

（2）解决方法

重新调整仰角和方位的零点，调整的方法如下（这里以仰角为例）：在无信号状态下，将距离调至 1000 m 以外，用示波器探头（×1 挡）测量 11-6 板（图 4.16）上 D14（LM358 或 LM158）的第 1 脚（方位是第 7 脚）上的电压，应为 0（示波器的幅度挡调到 0.1 V）。如果不是 0，则调整电位器 RP2（方位是 RP5），把电压调到 0。

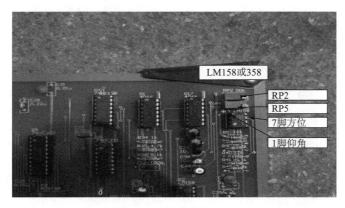

图 4.16 天控板(11-6)

4.6.7.7 抛物面与天线座相擦

(1)原因分析

由于仰角的下限位没起作用,导致没有在机械限位之前进行电限位。

(2)解决方法

打开天线头顶盖,重新调整下限位间距,如限位开关损坏,更换限位开关。

4.6.7.8 扳动操纵杆方位,雷达天线方位打滑

(1)原因分析

快速扳动方位操纵杆,从方位角度上可看出角度变化滞后,或者天线突然停止时角度仍有变化,故判断天线方位打滑。打开天线座驱动舱盖,取下方位驱动电机屏蔽罩,可以看出装在驱动电机轴和方位谐波轴上的连轴器有松动现象,使得电机在转动时连轴器打滑。

(2)解决方法

用六角扳子把连轴器上的两只内六角螺钉重新紧固。

4.6.8 自检及译码故障

(1)限位告虚警

原因分析:限位信号上有干扰。

解决方法:将 11-5 板 IN4148 更换为 2AP 类锗管。

(2)故障时不告警

原因分析:可能 D14-74LS373 损坏。

解决方法:更换 D14。

(3)信号正常,不译码

原因分析:可能 D7-74LS04 损坏;可能软件工作不正常。

解决方法:更换 D7;重新安装软件。

4.6.9 整机

4.6.9.1 示波器显示一个亮点

(1)原因分析

首先检查 11-6 板是否存在故障。如无故障,则检查 11-2 板阶梯波产生电路是否正常。其工作原理为:四路程序方波经 1D1(74LS 08)与门分压后,送至 1N1(LM741)和 1N2

（AD811）放大,送往示波器 X 轴,此信号就是阶梯波信号。当 1D1(74LS08)损坏时,即产生不了阶梯波,故而只显示一个亮点。

（2）解决方法

更换 11-2 板上故障 1D1(74LS08)。

4.6.9.2　示波器无测距扫描基线显示

（1）原因分析

首先检查 11-3 板是否存在故障。如无故障,则检查 11-2 板显示单元部分。其工作原理为:11-3 板产生的精扫触发脉冲和粗扫触发脉冲,送至 11-2 板显示单元,产生精方波和粗方波,再形成精锯齿波和粗锯齿波,送至示波器 X 轴产生精扫描基线（2 km）和粗扫描基线（32 km）。当精粗方波产生电路和锯齿波电路出现故障时,则无法形成精粗扫描基线,故示波器无测距扫描基线显示。

（2）解决方法

更换故障 11-2 板,或通过电路图来检查具体故障部位,更换相应故障器件。

4.6.9.3　开驱动箱电源,干扰摄像画面

（1）原因分析

L 波段探空雷达使用的是交流驱动电机,会产生很强的干扰信号,由于地线隔离不好,干扰信号会影响雷达正常工作。譬如摄像机视频信号线上,尤其在视频信号线的屏蔽地没有接好的情况下,更容易受到干扰,产生严重的网纹,大大影响画面质量。通过检查摄像机视频传输线的地线是否接好,寻找故障点,主要部位有低频旋转关节（汇流环）第 1 脚和刷架刷头之间是否接触良好等。例如,某台站因为室内搬家,主控箱连接电缆重新接过,接电缆时将主控箱 XS10 插座第 1 脚（摄像机视频信号线的地线）插针插弯,导致地线不通,从而摄像画面受驱动电机干扰。

（2）解决方法

排除相应接插件的接触不良,故障现象消失。

4.6.9.4　摄像机无画面（蓝屏）

（1）原因分析

① 视频信号采集卡损坏或其驱动程序丢失。

② 视频信号传输电缆芯线开路。

③ 12 V 没有加至摄像机上,这种可能只会是 WT9 电缆中＋12 V 电源芯线断裂所致,不仅摄像机上没有电源,连前置高放都无法工作,造成放球信号很弱。

（2）解决方法

① 更换故障视频信号采集卡,重新安装驱动程序。

② 用万用表检查视频信号传输电缆连接情况并修复。

③ 用万用表检查 WT9 电缆芯线,确定开路,则更换 WT9 电缆。

4.6.9.5　摄像机图像不清晰

（1）原因分析

此现象为摄像机调整不当所致。可能是摄像机镜头和 CCD 连接紧固螺钉松动造成镜头和 CCD 之间位置变动。

（2）解决方法

选择干燥环境,将摄像机卸下,拧下紧固螺钉,刮开 703 胶,从尾部拔出摄像机,松开内部

紧固螺钉,将摄像机对准某一景物,把亮度调节至最亮,调节镜头和 CCD 之间的距离,使其达到最清晰,再调节聚焦使其两端模糊程度一致。在最清晰时聚焦调节的中间位置,将摄像机镜头和 CCD 连接螺钉紧固,再紧固其余螺钉,用胶带裹紧,插入镜筒中,拧紧螺钉,并将缝隙用 703 胶封住即可。

4.6.9.6　低仰角经常丢球

(1)原因分析

可能原因有两种,一是探空仪的落点方向有通信转发台产生的干扰;二是雷达天线架得太高,接收到的地物很强,尤其在低仰角,地物显示很宽,主抑波门如果调得很窄,就会影响自动增益控制电路和自动频率控制电路,进而影响角跟踪造成丢球。

(2)解决方法

第一种情况,只要频率设置在手动状态,一般来说不会丢球;第二种情况,将中频通道盒打开,用示波器测量 D1(74LS221)第 12 脚。雷达出厂时,其主抑波门宽度设置在 200 μs,根据台站情况,应有所改变,如地物很强的地方,可调节 RP3 电位器,将主抑波门适当加宽至 300 μs 或 400 μs 即可。

4.6.9.7　5 V 电源故障

(1)故障现象

① 四条亮线与测距显示状态,在无人干扰情况下来回切换。

② 测角、测距转换后,测距归零。

③ 高压电流和频率指示不断波动。

④ 雷达与计算机之间不通信,进入"放球软件"后雷达不工作。

⑤ 开机天线失控,方位、仰角乱转,角度显示不动。

(2)解决方法

调整 5 V 电源输出电压,在电路板上测量,其电压应大于 5 V(5～5.1 V),在开关电源输出处应小于 5.5 V。否则,应检查大底板电源插头是否接触不良。如电压调不到 5 V,可能开关电源负载能力差,应更换 5 V 开关电源。

如万用表检查电压正常,但以上故障现象时有存在,可用示波器进一步检查电源纹波。如纹波太大,则应对开关电源进行修理或更换开关电源。

4.7　应急故障维修与案例

4.7.1　常见故障应急排除

(1)高差报警

故障现象 1:探空气球释放初期,软件界面显示"高差报警"。

首先,判断是否抓到球或抓到旁瓣。没有抓到球的现象是四条亮线始终不齐、上下抖动,同时自动增益显示值很大,示波器测距显示"凹口"不清楚或无法跟踪,如果符合该现象就要大范围摇动方位和仰角进行抓球,直到抓到球为止。抓到旁瓣的现象是增益偏大,示波器测距显示"凹口"跟踪基本正常,如果符合该现象就要点击放球界面的"扇扫"按钮抓球。

其次,判断是否距离零点偏差较大。其现象是四条亮线稳定平齐,增益正常,"凹口"跟踪正常,说明距离零点偏差较大,近程发射机根据"已知距离法"调整测距板"S1"拨码开关。大发射机根据放球后观察放球软件"高差"显示,调整"S2"拨码开关,直到不报警为止,并连续观察,应三次放球后"高差"不报警。

再次,判断仰角零度或三轴一致性是否有较大偏差。其现象是四条亮线稳定平齐,增益正常,"凹口"跟踪正常,距离零点无偏差,说明仰角零度或三轴一致性存在较大偏差,需要进行系统标定检查。

故障现象 2:观测后期,软件界面显示"高差报警"。

首先,判断探空仪气压数据是否有偏差或飞点。其现象是气压接收数据后期明显有偏差或飞点较多,解决办法就是现场调整频率,使雷达始终处于良好的接收状态,观察下一次放球过程是否还存在气压数据有偏差的现象,如果连续有偏差则需更换不同批次探空仪。

其次,判断仰角或三轴一致性是否有偏差。其现象是四条亮线稳定平齐,增益正常,"凹口"跟踪正常,距离零点无偏差,那就说明仰角零度或三轴一致性存在偏差,需要进行系统标定检查。

故障排除:值班员应首先调整雷达接收频率,确保接收信号处于调谐状态。若发现无发射机电流,可更换测距板(11-3)和发射/显示板(11-2);若"凹口"没有跟好,则进行手动跟踪;若怀疑抓的是旁瓣,则进行"扇扫"。其他如距离零点调整、仰角零度和三轴一致性标校等需要机务人员在观测完成后进行调试。

(2)无精基线

故障现象:开机后发现示波器无测距精基线。

故障判断:该故障基本都出在发射/显示板(11-2)或测距板(11-3)上,控制或触发信号幅度偏低或没有精扫触发脉冲输出。

故障排除:一般情况下,值班员重新启动主控箱可以恢复。如果连续两次重启主控箱都无法恢复,则需要立即更换发射/显示板(11-2)或测距板(11-3)。

(3)斜距不跟

故障现象:放球后发现示波器测距显示"凹口"不跟踪。

故障判断:首先,观察放球软件界面是否有发射机电流,如果没有电流,可能原因一是测距板(11-3)没有输出"发射触发脉冲"或该脉冲没有送到发射机;二是发射机发生故障。其次,如果放球软件界面有发射机电流,但示波器测距显示没有观察到回波"凹口"或"凹口"很弱,可能原因是信号不好或探空仪本身回答信号较弱,需要调整雷达频率或更换探空仪。

故障排除:首先,调整雷达接收频率,使雷达处于最佳接收状态;其次,更换测距板(11-3)或检查传输线缆插头是否有接触不良现象,若故障依然存在,值班员可采用无斜距模式进行观测并立即通知机务人员维修发射机。

(4)斜距不能手动调节

故障现象:手动调节放球软件界面的斜距按钮,斜距显示数据无变化。

故障判断:斜距跟踪是由测距板(11-3)来完成的,一般情况下更换测距板(11-3)就能排除,特殊情况下该故障还与终端板(11-4)有关系。

故障排除:值班员依次更换测距板(11-3)和终端板(11-4)。

(5)发射机电流无指示

故障现象:放球软件界面发射机电流无指示。

故障判断:排除其他故障,故障只发生在大发射机时,大多数发射机故障发生在晶闸管损坏、人工线电容短路或开路、集成电路(74LS221、74LS244)损坏;少数发生在脉冲变压器、二极管或电阻烧坏。

故障排除：值班员需更换备份发射机或采用无斜距测风模式进行观测，及时通知机务人员进行维修。机务人员按步骤检查发射机晶闸管和集成电路（74LS221、74LS244）是否损坏、人工线电容是否短路或开路、脉冲变压器、二极管或电阻是否烧坏并更换。

（6）发射机电流下降较多

故障现象：放球软件界面发射机电流逐渐减小，放球后期"凹口"不清楚。

故障判断：这是由于发射机磁控管性能下降所致，应该更换磁控管。

故障排除：值班员应及时更换备份发射机，观测后期用气压高度代替测风高度或采用无斜距测风模式进行观测，及时通知机务人员进行维修。机务人员及时更换发射机磁控管。

（7）摄像机蓝屏

故障现象：开机后打开摄像机显示蓝屏。

故障判断：大部分情况下都是视频信号线与计算机插孔接触不良甚至脱落所造成。

故障排除：值班员应重新插拔视频信号线与计算机连接插头。

（8）示波器测角和测距显示不能转换

故障现象：点击放球软件上"测角/测距"转换按钮，示波器上显示无变化。

故障判断：该转换功能是由发射/显示板（11-2）完成。

故障排除：值班员应及时更换发射/显示板（11-2）。

（9）四条亮线很好，但无脉冲（即不能译码）

故障现象：示波器上显示四条亮线饱满，"火柴头"明显，但计算机显示器无"温、压、湿"译码。

故障判断：该故障通常都出在探空通道板（11-1）或自检/码板（11-5）。

故障排除：值班员应及时更换探空通道板（11-1）或自检/码板（11-5）。

（10）四条亮线两两等高

故障现象：示波器上显示四条亮线两两等高。

故障判断：有四种情况，一是天控板（11-6）有一路程序方波故障；二是天线座合差箱内四路开关管套内有一路微波二极管损坏；三是天线座低频旋转关节（汇流环）传输四路程序方波的其中一路接触不良；四是WT9线缆内传输四路程序方波的其中一路芯线断路。

故障排除：值班员应更换天控板（11-6），如果没有排除及时通知机务人员维修。机务人员应该按步骤检查和差箱内四路微波二极管是否损坏、擦拭汇流环及更换WT8-11电缆。

（11）四条亮线无法摇齐

故障现象：放球后，示波器上显示四条亮线始终无法摇齐。

故障判断：有四种情况，一是天控板（11-6）有两路以上程序方波故障；二是天线座合差箱内四路开关管套内有两路以上微波二极管损坏；三是天线座低频旋转关节（汇流环）传输四路程序方波的其中两路以上接触不良；四是WT9线缆内传输四路程序方波的其中两路以上芯线断路。

故障排除：值班员应首先更换天控板（11-6），如果没有排除及时通知机务人员维修。机务员应该按步骤检查和差箱内四路微波二极管是否损坏、擦拭汇流环及更换WT8-11电缆。

（12）方位或仰角显示不正常

故障现象：开机后发现放球软件界面方位或仰角显示数值不正常，但天线正常转动。

故障判断：常见原因是方位或仰角显示板（11-8或11-7）故障；粗精搭配超出允许范围；同步机故障；同步齿轮系故障；汇流环接触不良（发生在仰角）。

故障排除:值班员应及时更换方位或仰角显示板(11-8 或 11-7)。如果故障依然存在,及时通知机务人员维修。机务人员应该按步骤检查粗精搭配是否超出允许范围、擦拭汇流环(若发生在仰角)、更换同步机和同步齿轮系。

(13)天线不转动

故障现象:雷达天线不能转动。

故障判断:先从室内部分进行排查。若方位或仰角无论在自动或手动状态下都无法转动,基本确定是天控板(11-6)或驱动箱发生故障。若自动状态下能够转动而在手动状态下不能转动,可能的原因一是手控盒故障、二是天控板故障、三是终端板故障。若手动状态下能够转动而在自动状态下不能转动,可能的原因一是天控板故障、二是终端板故障。如故障仍然存在,则需排查室外部分。常见的是驱动谐波齿轮系损坏、驱动电机故障和联轴器连接松动。

故障排除:值班员应依次更换天控板(11-6)、终端板(11-4)、手控盒。其他部分的故障由机务人员逐一检查排除。

(14)放球后天线乱转

故障现象:放球后雷达天线乱转。

故障判断:常见有天控板故障、探空通道板故障、雷达天线没有对准探空仪、雷达频率没有调好、程序方波传输有两路以上发生故障、外界有强干扰等故障原因。

故障排除:值班员应依次进行频率调整、将雷达天线对准探空仪、更换天控板、更换探空通道板。如故障依然存在,立即通知机务人员进行维修。机务人员应检查和差箱内微波二极管是否损坏、擦拭汇流环,检查是否有强干扰。

(15)驱动箱显示"A"或"E"报警

故障现象:开机或放球后驱动箱显示"A"或"E"报警。

故障判断:常见原因一是天线座电缆接触不良;二是方位或仰角驱动模块故障;三是方位或仰角驱动齿轮系故障;四是汇流环接触不良(发生在"E"报警时)。

故障排除:值班员应重新插拔天线座电缆,擦拭汇流环(发生在"E"报警时)。如果故障依然存在,立即通知机务人员进行维修。机务人员应依次检查或更换驱动模块,更换驱动齿轮系。

(16)计算机不能控制雷达

故障现象:在计算机放球软件界面上操作"增益"等相关按钮,雷达无任何反应即不能控制雷达。

故障判断:一是终端板(11-4)故障;二是连接雷达与终端的串口电缆接触不良;三是计算机死机。

故障排除:值班员应依次更换终端板(11-4)、检查连接雷达与终端的串口电缆是否接触良好、重新启动计算机。

(17)放球软件界面"手动/自动"按钮自动转换,不受控制

故障现象:开机后放球软件界面相关按钮自动转换,不受控制。

故障判断:一般情况下都是+5 V 电压偏低所造成。

故障排除:值班员应自行或通知机务人员将+5 V 开关电源输出电压调高到+5.2 V 左右即可。

(18)开机后自动增益显示 240 以上

故障现象:开机后放球软件界面自动增益显示 240 以上。

故障判断:这说明接收通路有断路现象,常见原因是探空通道板(11-1)、中频通道盒、高频组件损坏;高频信号线路有开路现象,如高频信号电缆插头是否脱落、WT8 电缆插头和芯线是否断开等。

故障排除:值班员可依次更换探空通道板(11-1)、中频通道盒、高频组件,如果故障还存在就立即通知机务人员进行维修。机务人员应依次检查高频信号线路是否有开路现象,如高频信号电缆插头是否脱落、WT8 电缆插头和芯线是否断开等。

(19)开机后自动增益显示偏大

故障现象:开机后放球软件界面自动增益显示偏大(达到 130 以上)。

故障判断:可能是接收通路有器件故障或阻抗不匹配现象,常见原因为探空通道板(11-1板)、中频通道盒、高频组件故障;高频信号插头松动、WT8 电缆插头接触不良、环流器或限位器故障及馈源受潮进水等。

故障排除:值班员可依次更换探空通道板(11-1)、中频通道盒、高频组件;如果故障还存在就立即通知机务人员进行维修。机务人员应依次检查高频信号电缆插头是否松动、打开 WT8电缆插头检查是否接触不良、更换环流器或限位器、检查馈源是否受潮进水等。

(20)应急接收机方位或仰角显示跳变

故障现象:应急接收机在转动方位或仰角时显示跳变。

故障判断:常见原因是天线座内方位或仰角同步电位器损坏。

故障排除:值班员应及时通知机务人员维修。机务人员打开天线座更换方位或仰角同步电位器后,即可恢复正常。

4.7.2　故障案例

维修故障案例见表 4.4。

表 4.4　维修故障案例

故障现象	故障原因分析及排除方法
天线所指方位角与终端显示数据不符	更换同步机
低仰角时,跟踪正常;高仰角时,出现丢球现象	检查天线阵与天线座的信号电缆线内有断线现象,焊接后正常
发射机处有一导线与机体短路,造成无高压	重新更换绝缘导线,并固定位置
天线无法转动	方位谐波齿轮箱卡死(坏),换方位谐波齿轮箱
天线无法转动	方位角联轴器坏,换联轴器
终端显示数据错误	仰角同步机有断线现象,焊接修复
雷达工作时频繁丢球,探空仪序列号不进机	重新调试 11-1 板
无程序方波上	更换 11-6 板 V13CK3C
气球距雷达 40 km 后,天控自动跟踪失灵,探空接收信号减弱	更换探空通道板(11-1)、中频通道盒及其连接排线
测距粗扫精扫无显示．斜距不跟踪	更换 11-3 板上集成块 74LS221 雷达工作正常
电轴偏差较大	更换右馈源;烘干插头处水汽
四条亮线两两不齐	更换和差箱中环流器
雷达与计算机之间不通信	更换 11-4 电路板

故障现象	故障原因分析及排除方法
雷达采集数据错误	更换中频通道盒
方位读数 10°跳变	重新粗精搭配
施放后雷达接收不到信号	电源保险烧断,换保险
驱动箱方位告警	更换电机,加屏蔽罩
发射机过压保护	经检查大发射机晶闸管击穿,更换后,故障排除
雷达仰角指示不动	清洗插头和接触点,W3 中间有线断,焊上后正常
雷达大发射机不工作	发现电压 220 V 没有加至大发射机上,W3 电缆 17,18 头芯开路所至,重新焊接,故障排除
方位乱跳,显示切换偶尔无精扫基线	经检查是同步机打火。更换同步机,重新进行粗精搭配,方位零度标零
四条亮线不齐	更换装在开关管套上的二极管 VK105
示波器无双踪显示	更换示波器后故障排除
天线跟踪有抖动的现象	断掉天线接地线,故障排除
示波器的测距两条基线(有四条亮线)在开机 10 min 左右才出现	11-3(测距板)故障,更换备份板,故障排除
测距、方位显示故障	更换 11-3,11-8,故障排除
测角显示有误	打开主机箱,重新把所有电路板插实后正常
测距只能手动跟踪,放到自动时,快速下降,高差红灯闪烁	换 11-3 测距板,故障排除
四条亮线与测距显示时,在无人干扰下来回切换	调整 5 V 电源至 5.6 V 工作正常(电路板上测 5.06 V)
雷达主电源开关和发射机开关经常无法锁住,导致反复开机,容易烧毁电路	更换电源开关
乱码、飞点多	5 号板插件松动,清洗加固
手动操纵失灵	4 号板故障,更换后正常
测角、测距转换后,测距归零	调整 5 V 电源至 5.6 V 工作正常
气高与高度差值偏大,总报警	更换 11-7 测角板,原机 11-7 板重新标定
雷达起始跟踪仪器偏上,不在中心位置。气高与高度差值偏大	经检查为开关管套中微波二极管损坏(上天线)
温度低于零下 25℃大发射机不工作	更换大发射机
雷达大发射机不工作,四条亮线两两不齐,小发射机自激	晶闸管坏一只,11-2 板 74LS77 集成块坏两只,更换后大发射工作正常,亮线不齐开关管套左开路,更换 VK105,小发射机自激带回厂修理
出现"发射机不工作"(软件提示:反峰保护)	11-2 板 V1、V2 稳压管短路
雷达电轴拉偏	右馈源进水
雷达电轴拉偏	换二极管
小发射机无凹口	天线进水

故障现象	故障原因分析及排除方法
光电轴不一致,球影偏左近 2 大格	更换左开关管套中微波二极管
球出手后几分钟信号变弱,直至消失,同时摄像显示蓝屏	WT9 电缆内部 4、7 芯线短,拆下电缆将空置的两线替换断线
雷达天线显示方位飞转,调试仰角粗精搭配时精数据不变	精同步机轴承断,换上后恢复正常
雷达天线方位飞转	电源内 5 V 开关电源输出电压纹波系数大,更换开关电源后正常
增益大,信号不清	更换高频组件
信号时高时低	更换中频通道盒
E 报警、高压电流不稳、四条亮线时长时短	擦拭汇流环,仿真线电容漏电,开关二极管损坏
仰角读数跳变	同步机电刷擦拭
斜距凹口正常,但斜距不跟	更换备份的 11-3 板正常
发射机无法加压,过 1 km 后因无斜距凹口而不能跟踪斜距	更换 11-2 板集成芯片 LS77 或使用备份的 11-2 板
天控失控	更换 11-1 板后正常
开高压时,电流满偏,无凹口	发射机 T3 脉冲变压器坏,更换后正常
天线卡死重开机旁瓣抓球。重开驱动箱电源正常	经查是天线机舱内的驱动马达屏蔽盒外的插头接线接触不良造成的,把线全部用胶带缠好固定后没有再出现此故障
仰角数据突变	仰角精同步机螺丝松动,重新拧紧,对雷达进行仰角标定
不自动跟踪。丢球	更换 11-6 天控板
方位不转	更换联轴器
无信号	更换高频组件
手控盒失灵	发现手控盒电源电压不对,经检查系驱动箱内电缆头焊接不良,重新焊好
四条亮线时有时无	经检查,系连接中频通道盒排线的一根芯线接头接触不良,处理后四条亮线正常
无探空信号	更换中频通道盒,信号正常
四条亮线两两不齐,左边两根低 2 mm	更换下开关二极管,四条亮线正常
雷达方位有时卡死	检查天线座内方位驱动电机处插座连线,并做清洁,经反复试验,未发现卡死
插上探空仪,示波器上无信号	更换备用高频组件,信号恢复正常
雷达处于手动状态时,摇动方位不动	重新紧固连轴器,方位转动正常
雷达斜距无法自动跟踪,发射机不加电	寄新大发射机。更换 11-2 板三极管 3DK4C,故障消失
接收信号不好	中频通道盒增益低,更换后正常
放球 60 min 后高压自动掉下后加不上	晶闸管 17、18 烧坏。更换后故障排除
雷达四条亮线不齐	换前置高放正常,故障排除
发现雷达摄像机经常出现蓝屏	经检查,汇流环电缆接头,电缆头虚焊,重新焊接故障排除

故障现象	故障原因分析及排除方法
精触发显示故障,高压加不上	发现 4 号板故障,更换后排除
增益为自动状态时雷达天线晃动	雷达天线接地引起,卸掉地线后正常
方位报警多,卡死	清洁汇流环自制屏蔽板屏蔽方位电机
大发射机打不开	大发射机 R26 烧坏,更换
雷雨后飞点多	更换中频通道盒
仰角数据乱跳	维修仰角同步机
四条亮线多次两两不齐,有丢球现象	更换 WT9 电缆
40 多分钟后丢球	更换右馈源
仰角过 70°后不跟踪	清洗汇流环
2 号板及电位器烧焦	换发射机整板
2 号板 RP2 烧焦	换仿真线 C10 电容
发射机高压电流指示不正常	经检查为主控机箱内一根连接线接触不良,重新焊好后正常
发射机加不上高压	更换 11-3 电路板后恢复正常
发射高压时有时无	更换 11-2 电路板后恢复正常
雷达被雷击,损坏方位,仰角驱动电机,大发射机不工作,天控不能自动跟踪	更换仰角方位驱动电机。更换 11-3 板上的 74LS244 大发射机工作正常。重新调试 11-1 板,雷达工作正常
磁控管电流不稳定,开全高压后 11-2 板的 U5 损坏	因发射机直流高压滤波电感 L1 引线与底板击穿打火积炭,将引出线用黄腊管套住,悬空安装。更换 U5、D1、D7 等元件修复
开始出现上午放球几分钟后自动跟踪跟不上的现象,下午放球无此现象	WT-9 电缆中间断,导致程序方波下接触不好,暂用聚焦线替代。后重寄一套电缆更换
方位不转动	方位谐波齿轮开裂造成,更换后正常
雷达在雨天,有跟踪不良天线乱转现象	更换小发射机后,至今未再出此现象
探空仪序列号难进计算机,前 5 min 斜距难自动跟踪(凹口不清晰),主控箱电源开关失灵	更换备件 11-1 板,前 5 min 斜距不跟踪是台站地形问题,更换主控箱电源开关
探空码不进机,有时未接探空仪也有电码	更换和差箱内前置高放后正常
无法加载高压,发射机故障	更换发射机上 54LS221、54LS244、11-3 板
凹口与亮线不停切换,高压电流和频率指示不断波动	调整雷达电源 5 V 电压至 5.08 V
摄像机蓝屏	WT9 电缆含摄像信号线的芯线断,更换电缆线
仰角突然下降到底,不受控制	仰角同步带断裂,更换
天线只能做仰角上升,不能降	下限位开关故障,更换下限位开关
接收机信号弱,灵敏度差	前置高放性能变差。更换备份前置高放
雷达无信号	中频通道盒连接电缆松动
雷达仰角乱跳	更换 7 号备板

故障现象	故障原因分析及排除方法
高压加不上,CRT 上故障显示发射机过压短路和过荷保护,11-2 板呈焦糊味	更换大发射机
仰角数据乱跳,无法自动跟踪,信号突失	更换新的同步机后正常
开机接上探空仪后,发现没有探空脉冲,换仪器后仍如此	取下探空仪观察示波器上四条亮线,发现有很强的四根火柴头淹没了毛草,拔出小发射机电缆线,火柴头消失。更换小发射机,雷达恢复正常
四条亮线中仰角亮线比方位亮线低,有时明显有时不明显	检查和差箱中的开关管套,发现 VK105 管已经开路。更换后正常
开机天控失控(方位,仰角乱转)	调整主机＋5 V 电源
摄像机没有图像	和差箱到天线柱的电缆断开,连接后正常
接收信号弱,四条亮线两两不齐,方位显示不正常,主控箱电源开关失灵,备份 11-6 板程序方波左无输出	更换限幅器信号弱故障排除,更换 VK105 亮线不齐故障排除,对方位轴角板重新粗精搭配,更换主控箱电源开关,更换 11-6 板 V3 和 V5(3CK3C)
发射机无高压	仿真线 5700PF 电容漏电,更换后正常
示波器粗精为一条线	换 11-2 板后,故障排除
雷达方位指针乱跳	将 8 号板集成块插紧,同步机内压片压力不够,调整清洗后解决
雷达无回波,信号到 10 多分钟后衰减	后检查,雷达主轴进水。处理后正常
雷达高压不正常	换磁控管和 R26 后正常
计算机显示温、压、湿不采样	更换 11-5 板解决
出现放球后不跟踪气球,用示波器检查 11-6 板"上""下""左""右"程序方波的波形,不正常	更换开关管套内二极管修复
放球到达 4～5 min 后丢球,雷达到达一定方位之后总是向一个方向打死	换下小发射机,再观测,一切正常
接收信号不好	中频通道盒和主机接触不良,重插后正常
雷达接收信号差,有时有干扰	换小发射机、高频组件、环流器后正常
雷达方位卡死,方位马达烧坏	更换谐波齿轮箱后正常
示波器显示不正常	更换器件后正常
雷达斜距不自动跟踪	更换 11-3 板后雷达斜距自动跟踪正常
频率指示 30 M,调整不起作用	换高频组件
测角测距显示无法转换,转换时各开关关闭,斜距归零	调整 5 V 电源
连轴器螺丝松动,手动方位不动	紧固螺丝后正常
放球后自动丢球	更换和差箱内二极管 VK105,环流器故障
放球后中途仰角方位角变化无常	经检查 6 号主板(天控板)故障,更换
转换高压后无凹口,红灯报警,斜距不正确	经检查转换高压后发射机 R26 电阻被烧,更换发射机内脉冲变压器
方位显示异常,系统软件冲突	维修 11-8 板,将多余的杀毒软件卸载

续表

故障现象	故障原因分析及排除方法
高压加不上	换 2 号板
斜距不动	换 3 号板后正常
亮线跳跃不齐,放球后无法正常跟踪,易旁瓣	因墙潮湿而形成地线接入雷达,换一两相电源插头即正常
距离,高压,小发射机,全高压,基测开关自动打开	重新安装程序,后正常
方位回差大,天线不跟踪	更换轴键,更换开关二极管
译码不好	清洁中频通道盒接口
方位仰角不工作	检修驱动箱
雷达驱动告警	指示灯插座接触不好,处理后工作正常,对雷达汇流环进行清洗
L 波段探空雷达"放球软件"故障显示开关有故障显示:发射机过荷保护,故障位置在 11-2 板	更换 11-2 板后故障排除
天控有时跟踪不正常	前置高放损坏。更换后正常
精扫描线上两个可移暗点,与粗扫描线凸起波对不齐,造成测距数据不正确,关主机,重开后恢复正常	更换测距板
仰角读数乱跳,仰角驱动器频繁死机	用酒精清洗汇流环两次,故障消失
方位角读数、指针跳变,转动天线的同时,四条亮线跟着跳变,天线不动时,方位读数、指针、四条亮线均正常	同步机打火。对同步机电刷进行整形,清洗,故障排除
故障报警指示显示为"触发脉冲故障"。但实际上,斜距正常,回波正常	误告警,更换 11-5 板,故障排除
后期接收信号较弱	更换高频组件备件后正常
仰角驱动器偶尔告警	对天线座中的汇流环和刷架上的碳垢用酒精清洗
方位驱动器告警,方位卡死	将天线座中方位驱动电机重新加屏蔽罩,将驱动电机上的电缆插头座和电缆全部放入屏蔽罩内,减少发射机和驱动电机之间的信号干扰
示波器在测角状态时四个亮点不等距	更换 11-6 板上的 D4 集成块和 11-2 板上的 1D1 集成块,更换后故障排除
雷达、计算机之间不通信,进入"放球软件"后雷达不工作	测＋5 V 电源电压偏低,均为＋4.67 V,调到＋5.06 V 后,恢复正常

4.8　电路板参数测试

电路板参数测试采取从不同生产批次的雷达测试相关数据平均后得出,测试过程中发现不同生产批次的雷达由于技术改进等原因测试数据有所不同,雷达所处的状态特别是天线方位和仰角不同时,相关测试数据有所不同,甚至相差很大,因此,在使用测试表数据时要根据实际情况灵活运用。

(1)电阻的测试是在运用测试电路板正常联机、断电情况下测得的,并且当阻值大于10 MΩ 时视为无穷大。测试表中"不稳"是指数据不断变化,无法读取数据。

(2)静态电压和静态波形的测试是在运用测试电路板,正常联机、主机箱通电情况下测得的。测试表中"变"是指数据在一定范围内不断变化。

(3)动态电压和动态波形的测试是在运用测试电路板,正常联机、主机箱和驱动箱通电并接收信号,摇动天线方位和仰角情况下测得的。测试表中"变化"是指数据随天线方位和仰角的变化而变化。

(4)测试表中,晶体管插脚左右排列则左为1,右为2;上下排列则上为1,中为2,下为3;晶体管 E 为1,B 为2,C 为3。

4.8.1 对地电阻

对地电阻见表4.5至表4.24。

表 4.5　探空通道单元(11-1)插座对地电阻　　　　　　单位:kΩ

名称	插脚												
	1	2	3	4	5	6	7	8	9	10	11	12	13
1XP1	0	0					25.4	∞	0.51				
1XP2	0.23	0.23		0.46	0.46		2.8	3	46.2				

名称	插脚											
	14	15	16	17	18	19	20	21	22	23	24	25
1XP1						1	10.9	1	13.5		0.04	0.04
1XP2			4.3	5						0.08	0.04	0.04

表 4.6　探空通道单元(11-1)集成电路对地电阻　　　　　　单位:kΩ

名称	插脚													
	1	2	3	4	5	6	7	8	9	10	11	12	13	14
N1	46.3	46.3	6.5	0.32	0.0	7.7	7.7	5.7	5.6	∞	0.56	1.0	0.73	0.56
N2	4.9	2.9	1.8	0.56	∞	∞	∞	0.32						
N3	17	7.2	529	0.46	2.8	0.9	3.9	0.3						
N4	∞	167	0	0.56	∞	184	0.3	∞						
N5	∞	0.68	0	0.65	∞	0.18	0.41	∞						
N6	2.2	0.46	0											
N7	∞	213	0	0.56	∞	194	0.33	∞						
N8	∞	∞	∞	0.56	3.4	325	341	0.33						
N9	70	19.8	0	0.56	∞	2.74	2.8	0.3						
N10	∞	51	3.5	0.56	∞	175	0.33	∞						
N11	5.6	0.46	0.0↑											
N12	3	2	8	0.32	2.3	2.34	3.3	0.56	0.73	1	0.56↑	1	∞	∞

注:"↑"表示数据有上升趋势,下同

表 4.7　探空通道单元(11-1)晶体管对地电阻　　　　　　单位:kΩ

插脚	名称													
	V1	V5	V10	V13	V14	V15	V16	V17	V18	V19	V21	K1	K2	EB
1	8.0	3.39	51.0	1.0↑	0.0	0.0	0.0	2.77	2.83	81.0	2.76	∞	0.56	0.153
2	0.0	4.53	163	4.49	2.76	2.8	2.2	2.37	0.91	70.1	6.1	∞	∞	0.0

插脚	名称													
	V1	V5	V10	V13	V14	V15	V16	V17	V18	V19	V21	K1	K2	EB0.8
3				0.0				0.0				∞	∞	0.153
4												0.0	∞	0.0
5												0.56	∞	0.0
6												∞	7.6	
7												∞	7.6	
8												101.0	0.0	

表 4.8　发射/显示单元(11-2)插座对地电阻　　　　单位:kΩ

名称	插脚												
	1	2	3	4	5	6	7	8	9	10	11	12	13
2XP1						∞	1.01	0.12	0.06	0.97	7.62	∞	∞
2XP2	0.2	0.2		0.46↑	0.46↑	∞	∞		∞	1	1	∞	

名称	插脚											
	14	15	16	17	18	19	20	21	22	23	24	25
2XP1	∞		∞	∞	3	0.04	0.04	∞		∞	∞	3
2XP2	0.11	∞	57	2.4	∞	0.23↑	0.46↑	∞	0.11	∞	57	2.4

表 4.9　发射/显示单元(11-2)集成电路对地电阻　　　　单位:kΩ

名称	插脚									
	1	2	3	4	5	6	7	8	9	10
D1	∞	9.84	1.23	0.04	∞	10	∞	∞	∞	∞
D2	6.4 M	1.23	∞	∞	∞	∞	0	∞	∞	1.23
D3	∞	1.23	∞	∞	∞	∞	0	1.23	6.9 M	∞
D4	∞	0.96	1.23	0.04	∞	7.5	∞	∞		
D5	6.3 M	6.8 M	∞	∞	∞	10.05 M	0	∞	∞	
D6	0	∞	∞	∞	∞	6.3 M	∞	∞	∞	0
D7	∞	1.22	1.0 M	∞	∞	6.8 M	0	1.12 M	∞	1.7 M
D8	0	∞	∞	0.04	3.4	∞	∞	0.04		
1D1	∞	∞	5.28 M	∞	∞	5.1 M	∞	5.1 M		
1D2	0	∞	0.04	∞	∞	1.4	10	0	0	∞
1D3	4.91 M	6.9 M	4.91 M	5.58 M	1	7.34 M	0	1.14 M		
1D4	0	7.27 M	0.04	∞	∞	1.4	6.9	0	0	7.34 M
1D5	∞	0.0	∞	∞	∞	∞	∞	0.0	∞	
1D6	∞	4.91 M	∞	5.68 M	4.91 M	5.0 M	0	6.0 M	∞	6.0 M
1D7	0	1	0.04	∞	∞	1.4	9.1	0		6.5 M

名称	插脚									
	1	2	3	4	5	6	7	8	9	10
1D8	∞	1	6.5 M	5.65 M	4.9 M	5.2	0	9	∞	∞
1D9	0	∞	∞	∞	∞	1.4	8.4	0	0	∞
1D11	∞	∞	7.0 M	7.0 M	7.0 M	6.41 M	0	7.0 M	∞	∞
1D12	1.5	0.9	∞	∞	∞	∞	0	∞	∞	0
1N1	1.5	3.5	∞	0.5	1.5	9	0.23	∞		
1N2	∞	9.8	5.1	0.5	∞	57.5	0.23	∞		
1N3	∞	0.5	1.43	0.5	∞	2.5	0.23	∞		
XP1	0.3	0.46	0.46	∞	∞	0.23	0.2	1.1		

名称	插脚									
	11	12	13	14	15	16	17	18	19	20
D1	0	1.23	∞	∞						
D2	∞	∞	∞	0.04						
D3	∞	∞	6.3 M	0.04						
D4	0	1.2	∞	∞						
D5	∞	∞	∞	0.04						
D6	∞	∞	∞	∞	∞	∞	∞	∞	0	0.04
D7	1.0 M	∞	∞	0.04						
D8										
1D1	5.1 M	∞	∞	0						
1D2	0	∞	∞	1.45	4.67	0.04				
1D3	∞	7.27 M	∞	0.04						
1D4	0.04	∞	∞	1.4	28.6	0.04				
1D5	∞	∞	∞	∞	∞	0.04				
1D6	∞	5.0 M	∞	0.04						
1D7	0.04	∞	∞	1.45	1.3	0.04				
1D8	6.9 M	∞	∞	0.04						
1D9	0.04	∞	∞	1.4	∞	0.04				
1D11	6.6 M	∞	∞	0.04						
1D12	0.85	6.5 M	6.9 M	0.04						

表 4.10 发射/显示单元(11-2)晶体管对地电阻　　　　　　单位:kΩ

插脚	名称										
	1V1	1V2	1V3	1V4	1V5	1V6	1V7	1V8	1V9	1V10	V1
1	0.0	∞	1.39	∞	0.0	∞	1.25	∞	1.4	0.0	0.11
2	∞	6.8 M	6.8 M	0.23	∞	6.3 M	∞	0.23	1.68	7.7 M	2.08
3	7.17 M		0.26		6.3 M		0.25			1.0	

插脚	名称									
	V2	V3	V4	V5	V6	V7	V8	V9	V10	V11
1	0.06	2.9	2.9	0.0	2.95	2.95	0.0	∞	∞	7.45
2	10.0	1.2	1.23	10.0 M	1.2	1.2	∞	∞	0.0	1.23
3				∞			1.0			

表 4.11 测距单元(11-3)插座对地电阻 单位:kΩ

名称	插脚												
	1	2	3	4	5	6	7	8	9	10	11	12	13
3XP1	0	0	∞				0.07	0.75			1		
3XP2	0.23	0.23		0.46	0.46	∞			0.11		1	∞	∞

名称	插脚											
	14	15	16	17	18	19	20	21	22	23	24	25
3XP1											0.04	0.04
3XP2	∞	∞	∞	∞	∞	∞	∞	1.87	1.88		0.04	0.04

表 4.12 测距单元(11-3)集成电路对地电阻 单位:kΩ

名称	插脚														
	1	2	3	4	5	6	7	8	9	10	11	12	13	14	15
D1	∞	∞	∞	∞	∞	∞	∞	∞	∞	1.88	1.87				
D2	0.94	2.43	1.17												
D3	0	∞	∞	∞	∞	∞	∞	∞	∞	0	∞	∞	∞	∞	∞
D4	∞	∞	∞	1	∞	∞	∞	∞	∞	∞	∞	∞	∞	∞	∞
D5	∞	∞	∞	0	0	∞	∞	0	∞	∞	∞	∞	∞	∞	∞
D6	0.04	0	∞	∞	∞	6.3 M	0.2	6	0	6	0.46	6	6	10.9	0
D7	∞	∞	7.8 M	∞	∞	8 M	0	8 M	∞	∞	8.5 M	∞	∞	0.04	
D8	∞	∞	∞	0	∞	∞	∞	∞	0.04	∞	∞	∞	∞	∞	
D9	5.1	5.1	∞	5.1	∞	5.1	∞	5.1	∞	0	5.1	∞	5.1	∞	0
D10	∞	0.04	0	∞	∞	∞	∞								
D11	5.1	5.1	∞	5.1	∞	5.1	∞	5.1	∞	0	5.1	∞	5.1	∞	5.1
D12	0	∞	0.04	∞	∞	1.4	5.8	0	∞	0.04	0.04	∞	∞	1.43	6
D13	90.5	469	∞	∞	∞	∞	0	∞	∞	470	90	0.85	0.85	0.2	
D14	205	101	470	0.46	469	307	410	0.2							
D15	1.45	6	420	0.46	1.43	6	0.2	∞							
D17	0	∞	0.04	∞	∞	1.42	20	0	1.83 M	0.04	0.04	∞	∞	1.42	
D18	∞	0.04	0.04	∞	∞	1.42	19.8	∞	∞	0.04	0.04	∞	∞	1.44	20
D19	∞	∞	0	∞	0	∞	0	∞	0	∞	0	∞	∞	0.04	19.8
D20	0	∞	0.04	∞	∞	1.4	19.8	∞	0	∞	0.04	∞	∞	1.41	
D21	∞	∞	6.5 M	6.5 M	∞	∞	0	∞	∞	0.04	∞	0.04	∞	0.04	18.2

名称	插脚														
	1	2	3	4	5	6	7	8	9	10	11	12	13	14	15
D22	∞	5.1	5.1	∞	∞	∞	∞	∞	5.08 M	5.1	∞	∞	∞	0.04	
D23	0	∞	0.07	∞	1	∞	0.75	∞		0	∞	∞	5	1	

名称	插脚														
	16	17	18	19	20	21	22	23	24	25	26	27	28	29	30
D1	∞	∞	∞	∞	0	∞	∞	∞	∞	∞	∞	∞	∞	∞	∞
D3	∞	∞	∞	∞	0.04										
D4	∞	∞	∞	∞	0	∞	∞	∞	∞	∞	∞	∞	∞	∞	∞
D5	0.04														
D6	∞	∞	∞	∞	∞	∞	∞	∞	∞	∞	∞	∞			
D8	0.04	0	∞	∞	∞	∞	0	∞	∞	∞	∞	∞	∞	0.04	∞
D9	∞	5.1	∞	5.1	0.04										
D11	∞	0	∞	5.1	0.04										
D12	0.04														
D17	0.04														
D18	0.04														
D20	0.04														
D23	∞	5	∞	0	0.04										

名称	插脚													
	31	32	33	34	35	36	37	38	39	40	41	42	43	44
D1	0.04	∞	∞	∞	∞	∞	∞	∞	∞	0.04				
D4	∞	∞	∞	∞	∞	∞	∞	∞	∞	0.04				
D8	∞	∞	∞	∞	∞	0	∞	∞	0.04	∞	∞	∞	∞	∞

表 4.13　测距单元(11-3)晶体管对地电阻　　　　　单位:kΩ

插脚	名称			
	V2	V2	V5	V6
1	0.51	2.72	0.0	0.0
2	3.8	0.0	∞	∞
3	0.13		0.8	0.8

表 4.14　终端单元(11-4)插座对地电阻　　　　　单位:kΩ

名称	插脚												
	1	2	3	4	5	6	7	8	9	10	11	12	13
4XP1	0	0	∞	1	0.84	28	1	2.85	∞	1.3	1.2	∞	∞
4XP2	0.23↑	0.23↑	∞	0.46↑	0.46↑	∞	∞	∞	∞	∞	∞	1	∞

名称	插脚											
	14	15	16	17	18	19	20	21	22	23	24	25
4XP1	0.825	0.832	∞	∞	13.5	1	11	1	13	0.04	0.04	13.5
4XP2	∞	∞	∞	∞	∞	7.8	4.6	1.8	1.81	∞	0	0

表 4.15　终端单元(11-4)集成电路对地电阻　　　　　　　　单位:kΩ

名称	插脚													
	1	2	3	4	5	6	7	8	9	10	11	12	13	14
D1	∞	∞	∞	∞	∞	∞	3.32	∞	∞	1.8	1.8	∞	∞	∞
D2	0.0	∞	∞	∞	∞	∞	∞	∞	∞	0.0	∞	∞	∞	∞
D3	∞	∞	∞	∞	∞	∞	∞	∞	∞	0.0	∞	1.85 M	1.81 M	∞
D4	0.04	∞	∞	∞	∞	∞	∞	∞	∞	∞	∞	∞	∞	0.0
D5	∞	∞	∞	∞	∞	∞	0.0	∞	∞	∞	∞	∞	∞	∞
D6	1.84 M	1.83 M	∞	∞	∞	∞	0.0	5.23 M	3.34	5.15 M	∞	∞	∞	0.04
D7	∞	∞	∞	∞	∞	∞	∞	∞	∞	0.0	∞	∞	∞	∞
D8	∞	∞	∞	0	∞	∞	∞	∞	∞	∞	∞	∞	∞	∞
D9	∞	∞	∞	∞	∞	∞	4.72	∞	∞	∞	∞	4.71	7.8	
D10	1.2	1.2	∞	∞	∞	∞	∞	∞	∞	0.04	0.04	0.0	1.82 M	
D11	1.0	1.0	∞	∞	∞	∞	∞	∞	∞	∞	∞	∞	∞	
D12	0.04	∞	∞	∞	∞	∞	∞	∞	∞	0.0	∞	2.96	∞	
D13	∞	∞	0.0	∞	∞	∞	∞	0.47 ↑	14	0	36.2	0	7.5 M	7.5 M
D14	∞	∞	0.0	∞	∞	∞	∞	0.47 ↓	12	0	32	0	∞	6.0 M
D15	∞	0.04	0.04	∞	∞	0	65	0	0	∞	0.04	∞	∞	0.0
D16	0.04	∞	∞	0.04	∞	∞	∞	∞	∞	0.04	∞	∞	0.04	0.04
D17	13	35	0	0.46 ↑	0	32	11	0.23						
D18	∞	275	∞	∞	∞	∞	0	∞	∞	∞	∞	275	∞	0.04
D19	∞	275	∞	∞	∞	∞	0	∞	∞	∞	∞	275	∞	0.04
D20	275	∞	∞	∞	∞	∞	∞	∞	∞	0.0	272	∞	∞	∞
D21	274	6.4 M	6.4 M	6.4 M	6.4 M	6.4 M	6.4 M	6.4 M	6.4 M	0.0	274	6.3 M	6.3 M	6.3 M
D22	∞	0.04	0.04	∞	∞	0	67	0	∞	0.04	0.04	∞	∞	0
D23	3.4	1.7	∞	0	∞	∞	∞	0.04						
D24	3.4	∞	∞	∞	∞	∞	∞	∞	∞	∞	∞	∞	∞	0.0
D25	∞	0.04	0	∞	∞									

名称	插脚													
	15	16	17	18	19	20	21	22	23	24	25	26	27	28
D1	∞	∞	∞	∞	∞	0.0	∞	∞	∞	∞	∞	∞	∞	∞
D2	∞	∞	∞	∞	∞	0.04								
D3	∞	∞	∞	∞	0.0	0.04								

115

名称	插脚													
	15	16	17	18	19	20	21	22	23	24	25	26	27	28
D4	∞	∞	1.82 M	1.82 M	∞	0	∞	∞	∞	∞	∞	∞	0.04	0.04
D5	∞	0.04												
D7	∞	∞	∞	∞	∞	0.04								
D8	∞	∞	0.0	∞	∞	∞	∞	∞	∞	∞	∞	0.04	∞	∞
D9	0.0	0.04												
D10	1.8 M	0.0	∞	∞	∞	∞	∞	∞	∞	∞	∞	1.0	34	2.8
D11	∞	∞	∞	∞	∞	0.0	∞	∞	∞	∞	∞	∞	∞	∞
D12	∞	∞	∞	∞	0.0	0.04								
D13	7.5 M	∞	∞	∞	0.04	0.04								
D14	5.88 M	∞	∞	∞	0.04	0.04								
D15	69	0.04												
D20	∞	∞	∞	∞	∞	0.04								
D21	6.3 M	6.3 M	6.3 M	6.3 M	6.3 M	0.04								
D22	66	0.04												
D24	∞	∞	∞	∞	∞	∞	∞	274	∞	∞	∞	∞	∞	0.04

名称	插脚											
	29	30	31	32	33	34	35	36	37	38	39	40
D1	∞	∞	0.0	∞	∞	∞	∞	∞	∞	∞	∞	0.04
D11	∞	∞	1.0	1.0	∞	∞	∞	∞	0.84	0.83	0.83	0.04

注:"↓"表示数据有下降趋势,下同

表 4.16　自检/解码单元(11-5)插座对地电阻　　　　单位:kΩ

名称	插脚												
	1	2	3	4	5	6	7	8	9	10	11	12	13
5XP1								0.98	13	0	0	1	13
5XP2	0.23	0.23		0.46	0.46							1	∞

名称	插脚											
	14	15	16	17	18	19	20	21	22	23	24	25
5XP1		∞	∞	∞		∞		∞	∞		0.04	0.04
5XP2						∞		∞	∞	4.5	0	0

表 4.17　自检/解码单元(11-5)集成电路对地电阻　　　　单位:kΩ

名称	插脚													
	1	2	3	4	5	6	7	8	9	10	11	12	13	14
D1	∞	∞	∞	∞	∞	∞	∞	∞	∞	∞	∞	∞	∞	∞
D2	0.0	∞	∞	∞	∞	∞	∞	∞	∞	0.0	∞	∞	∞	∞

名称	插脚													
	1	2	3	4	5	6	7	8	9	10	11	12	13	14
D3	0.04	∞	∞	∞	∞	∞	∞	∞	∞	∞	∞	∞	∞	0.0
D4	4.8	4.8	0.04	2.3	∞	2.3	1	2.3	∞	∞	∞	0.0	∞	4.77
D5	∞	∞	∞	0	0	∞	∞	0	∞	∞	∞	∞	∞	∞
D6	∞	0.04	0.0	∞	∞	∞	∞	∞						
D7	10.0 M	10.0 M	10.0 M	10.0 M	4.5	10.0 M	0.0	10.0 M	10.0 M	10.0 M	10.0 M	10.0 M	10.0 M	0.04
D8	4.93	4.91	0.23	2.3	∞	2.33	∞	2.33	∞	2.33	∞	0.46	5	5
D9	0	4.7	0.04	∞	∞	0	68	0	0	4.7	0.04	∞	∞	0
D10	0	4.8	0.04	∞	∞	0	67.7	0	0	4.8	0.04	∞	∞	0
D11	0	4.8	0.04	∞	∞	0	20	0	0	4.8	0.04	∞	∞	0
D12	0	4.8	0.04	∞	∞	0	5.1 M	0	∞	∞	∞	∞	∞	0.0
D13	∞	∞	∞	∞	∞	∞	∞	∞	∞	0.0	∞	∞	∞	∞
D14	∞	∞	4.8	1	∞	∞	1	1	∞	0	∞	∞	1	∞
D15	4.8	4.75	0.04	1	4.48	1	4.46	∞	∞	∞	∞	0.0	∞	∞
D16	∞	∞	∞	∞	∞	∞	0.0	∞	∞	∞	∞	∞	∞	0.04

名称	插脚													
	15	16	17	18	19	20	21	22	23	24	25	26	27	28
D1	∞	∞	∞	∞	∞	0.0	∞	∞	∞	∞	∞	∞	∞	∞
D2	∞	∞	∞	∞	∞	0.04								
D3	∞	∞	∞	∞	∞	0.0	∞	∞	∞	∞	∞		0.04	0.04
D5	∞	0.04												
D9	67.2	0.04												
D10	68	0.04												
D11	20	0.04												
D12	20.0	0.04												
D13	∞	∞	∞	4.8	∞	0.04								
D14	∞	∞	∞	∞	∞	0.04								

名称	插脚													
	29	30	31	32	33	34	35	36	37	38	39	40	41	42
D1	∞	∞	0.0	∞	∞	∞	∞	∞	∞	∞	∞	0.04		

表 4.18　自检/解码单元(11-5)晶体管对地电阻　　　　　　单位:kΩ

插脚	名称					
	V1	V2	V3	V4	V5	V6
1	4.92	4.87	4.88	4.89	0.0	1.02
2	14.6	14.67	14.67	14.69	1.03	0.0

表 4.19　天控单元(11-6)插座对地电阻　　　　　单位:kΩ

名称	插脚												
	1	2	3	4	5	6	7	8	9	10	11	12	13
6XP1	0	0	3.4	3.4	3.4	3.4	∞		18.8			∞	
6XP2	0.23	0.23		0.46	0.46		∞	∞	∞	∞	∞	∞	∞

名称	插脚											
	14	15	16	17	18	19	20	21	22	23	24	25
6XP1	19					∞	∞	∞	∞		0.04	0.04
6XP2	∞		0.1	∞		∞	∞	∞	∞	4.4	0	0

表 4.20　天控单元(11-6)集成电路对地电阻　　　　　单位:kΩ

名称	插脚													
	1	2	3	4	5	6	7	8	9	10	11	12	13	14
D1	9.7	∞	∞	9.7	∞	∞	0	9.7	∞	∞	9.7	∞	∞	0.04
D2	4.0	4.0	4.0	4.0	∞	∞	∞	0.23						
D3	∞	∞	∞	∞	∞	1.0	∞	∞	∞	∞	∞	∞	∞	
D4	∞	∞	∞	1.0	∞	∞	∞	∞	∞	∞	∞	∞	∞	
D5	0.0	∞	∞	∞	∞	∞	∞	∞	∞	0.0	∞	∞	∞	
D6	∞	∞	∞	∞	∞	∞	∞	∞	∞	0.0	∞	∞	∞	
D7	∞	∞	∞	0	0	0.04	∞	0	∞	∞	∞	∞	∞	
D8	∞	1.04	4.66	∞	∞	0	∞	0	∞	∞	∞	∞	∞	0.0
D9	0.04	0.0	∞	∞	∞	∞	0.23	13.7	0	13.7	0.46	0.1	3.9	9
D10	∞	0	0	∞	0.04	∞	∞	∞	∞	∞	∞	∞		
D11							∞	∞	∞			∞	∞	
D12	∞	∞	∞	∞	∞	∞		0.04	0.04	0.0		∞	∞	
D13	0.0	0.46	5.3											
D14	0.23	2	6.7											
D15	18.9	∞	0	0.47↓	0	∞	18.8	0.23						
D16	0.23	0.0	8.2											
D17	∞	∞	∞	∞	∞	∞	0.0	∞	∞	∞	∞	∞	∞	0.04
D18	4.53	0.04	0.04	∞	∞	0	∞	0	∞	0.04	0.04	∞	∞	0
D19	∞	0.04	0.0	∞	∞	∞	∞	∞						
D20	∞	0	0	∞	0.04	0	18.8	0.23						

名称	插脚													
	15	16	17	18	19	20	21	22	23	24	25	26	27	28
D3	∞	∞	∞	∞	∞	0.0	∞	∞	∞	∞	∞	∞	∞	
D4	∞	∞	∞	∞	∞	0.0	∞	∞	∞	∞	∞	∞	∞	
D5	∞	∞	∞	∞	∞	0.04								
D6	∞	∞	∞	∞	∞	0.04								

名称	插脚													
	15	16	17	18	19	20	21	22	23	24	25	26	27	28
D7	∞	0.04												
D8	5.08	0.04												
D9	0.0	9.7 M	9.7 M	9.7 M	9.7 M	9.7 M	9.7 M	9.7 M	9.7 M	9.7 M	9.7 M	9.7 M	9.7 M	∞
D10	∞	∞	∞	0.23	6.7	19.4								
D11	∞	∞	∞	0.23	6.7	19.4								
D12	∞	∞	∞		∞	0.04								
D18	530.0	0.04												

名称	插脚												
	29	30	31	32	33	34	35	36	37	38	39	40	41	42
D3	∞	∞	0.04	∞	∞	∞	∞	∞	∞	∞	∞	0.04		
D4	∞	∞	∞	∞	∞	∞	∞	∞	∞	∞	∞	0.04		

表 4.21　天控单元(11-6)晶体管对地电阻　　　　　　　　　　单位:kΩ

插脚	名称							
	V1	V2	V3	V4	V5	V6	V7	V8
1	3.4	0.1	3.3	0.1	3.4	0.1	3.3	0.1
2	51.9	16.8	52.4	17.0	52.2	16.9	52.3	16.8
3	5.3	10.4	5.3	10.4	5.3	10.4	5.3	10.4

表 4.22　轴角转换单元(11-7、11-8)插座对地电阻　　　　　单位:kΩ

名称	插脚												
	1	2	3	4	5	6	7	8	9	10	11	12	13
7XP1	0	0		不稳	不稳			不稳	不稳	不稳	不稳	不稳	不稳
7XP2	0.23	0.23		0.46	0.46	0.46		∞	∞	∞	∞	∞	∞

名称	插脚										
	14	15	16	17	18	19	20	21	22	23	24	25
7XP1											0.04	0.04
7XP2	∞					∞		1.85	1.87		0	0

表 4.23　轴角转换单元(11-7、11-8)模块对地电阻　　　　　单位:kΩ

名称	插脚												
	1	2	3	4	5	6	7	8	9	10	11	12	13
M1	∞	3.3	∞	∞	∞	5.5 M	5.5 M	5.5 M	5.5 M	5.5 M	5.5 M	5.5 M	∞
M2	∞	3.3	∞	∞	∞	∞	∞	∞	∞	∞	∞	∞	∞

名称	插脚											
	14	15	16	17	18	19	20	21	22	23	24	25
M1	不稳	不稳	不稳	∞	46.5	0.23	0	0.46	0.04	不稳	∞	不稳
M2	不稳	不稳	不稳	∞	48	0.23	0	0.46↑	0.04	不稳	不稳	不稳

表 4.24　轴角转换单元(11-7、11-8)集成电路对地电阻　　　　　　单位:kΩ

名称	插脚													
	1	2	3	4	5	6	7	8	9	10	11	12	13	14
D1	0.33	0.33	3.87	4.07	3.1	2	3.83	2	3.83	3.83	3.83	3.83	3.83	3.83
D2	∞	∞	∞	∞	∞	∞	∞	∞	∞	∞	∞	∞	∞	0.0
D3	0.04	∞	∞	∞	∞	∞	∞	∞	∞	∞	∞	∞	∞	0.0
D4	∞	∞	∞	∞	∞	∞	0.0	∞	∞	∞	∞	∞	∞	0.04
D5	0.0	4.3	∞	4.3	∞	4.3	∞	4.3	∞	0.0	4.3	∞	4.3	∞
D6	0.0	∞	∞	∞	∞	∞	∞	∞	∞	0.0	∞	∞	∞	∞
D7	0.0	∞	∞	∞	∞	∞	∞	∞	∞	0.0	∞	∞	∞	∞
D8	∞	∞	∞	∞	∞	∞	∞	∞	∞	∞	∞	0.0	∞	∞
D9	∞	∞	∞	∞	∞	∞	0.0	∞	∞	∞	∞	∞	∞	0.04
D10	∞	5.06	∞	5.1	∞	5.06	∞	5.06	∞	0	5.1	∞	5.07	∞
D11	3.07	∞	∞	∞	∞	∞	∞	∞	∞	∞	∞	∞	∞	0.0
D12	∞	0.34	5	∞	∞	0	5.06	0	∞	0.34	5	∞	∞	0
D14	∞	∞	∞	∞	∞	∞	0.0	∞	∞	∞	∞	∞	∞	0.04
D15	∞	∞	∞	∞	∞	∞	∞	∞	∞	0.0	∞	∞	∞	∞
D16	∞	∞	∞	∞	∞	∞	∞	0.0	0.0	0.0	∞	∞	∞	∞
D17	∞	∞	∞	∞	∞	∞	∞	∞	0.0	0.0	0.0	∞	∞	∞
D18	∞	∞	∞	∞	∞	∞	∞	∞	0.0					
D20	∞	0.04	0.0	∞	∞	3.78	12.8	∞						

名称	插脚													
	15	16	17	18	19	20	21	22	23	24	25	26	27	28
D1	3.83	3.83	3.83	3.83	3.83	0.0	∞	∞	∞	∞	∞	∞	∞	∞
D2	∞	∞	∞	∞	∞	∞	∞	∞	∞	∞	5.1	3.83	0.04	
D3	∞	∞	∞	∞	∞	∞	∞	∞	∞	∞	∞	0.04	0.04	
D5	4.3	∞	4.3	∞	0.0	0.04								
D6	∞	∞	∞	∞	∞	0.04								
D7	∞	∞	∞	∞	0.0	0.04								
D8	∞	∞	∞	∞	∞	∞	∞	∞	∞	0.04				
D10	5.07	∞	5.06	∞	∞	0.04								
D11	∞	∞	∞	∞	∞	4.3	∞	∞	∞	∞	∞	∞	3.8	0.04
D12	5.1	0.04												
D15	∞	∞	3.3	∞	∞	0.04								
D16	0.0	0.04					∞	∞						
D17	0.0	0.04												
D18	∞	∞	3.3	∞	∞	0.04								

名称	插脚													
	29	30	31	32	33	34	35	36	37	38	39	40	41	42
D1	∞	∞	0.0	∞	∞	∞	∞	∞	∞	∞	∞	0.04		

4.8.2　静态电压

静态电压见表 4.25 至表 4.42。

表 4.25　探空通道单元(11-1)插座静态电压　　　　　　　　单位:V

名称	插脚												
	1	2	3	4	5	6	7	8	9	10	11	12	13
1XP1	0	0	0	0	0	0	0.2	0.12	1.4	0	0	0	0
2XP2	15	15	0	−15	−15	0	4.8	3.8	7.1	0	0	0	0

名称	插脚											
	14	15	16	17	18	19	20	21	22	23	24	25
1XP1	0	0	0	0	0	4.6	7.6	0	5.8	0	4.9	4.9
2XP2	0	0	5.7	−1.4	0	0	0	0	0	0	0	0

表 4.26　探空通道单元(11-1)集成电路静态电压　　　　　　　　单位:V

名称	插脚													
	1	2	3	4	5	6	7	8	9	10	11	12	13	14
N1	7.1	7.1	7.1	14.9	0	0	0	0	−0.1	−0.1	−14.9	0	0	0
N2	−1.4	4	4	−14.8	0.3	0.2	13.2	14.5						
N3	2.1	−1.9	−1.9	−15	−0.5	−0.5	−1.9	14.8						
N4	11.3	−0.6	0	−14.6	11.7	8.6	14	−13.6						
N5	0	0	0	−10.7	0	0	11.6	0						
N6	−4.9	−15.0	0.0											
N7	12.2	0.9	0	−14.5	11.7	−8.9	14.4	−13.2						
N8	−15	0.5	0.5	15	−4.9	−8.8	6	14.7						
N9	0.6	0	0	−15	0.5	0.5	5	14.2						
N10	11.9	−1.2	−1.3	−14.3	12	−5.1	14.4	−13						
N11	−12	−15	0											
N12	3.6	2.6	2.4	12.7	2.1	2.1	2.5	10.4	3.4	4.4	−15	0.7	0.7	0.7

表 4.27　探空通道单元(11-1)晶体管静态电压　　　　　　　　单位:V

插脚	名称													
	V1	V5	V10	V13	V14	V15	V16	V17	V18	V19	V21	EB0.8	K1	K2
1	2.5	6.05	−1.2	−9.3	0.0	0.0	0.0	−4.0	−2.2	0.5	5.8	0.0	0.0	0.0
2	0.0	5.8	−5.0	−8.5	5.0	−0.5	−1.3	−4.4	−0.5	0.6	5.6	0.0	0.0	0.0
3				0.0				0.0				0.0	0.0	0.0
4												0.0	0.0	0.0
5												0.0	10.5	0.0
6												0.0	0.5	0.0
7												0.0	0.7	0.0
8												0.0	0.5	0.0

表 4.28　发射/显示单元(11-2)插座静态电压　　　　　　　　　　单位：V

名称	插脚												
	1	2	3	4	5	6	7	8	9	10	11	12	13
2XP1						11.5	12.1	0.06	0.04	0	3.8	0.2	0.12
2XP2	15	15		−15	−15	1.25	1.25	1.25	1.25	0.14	0.12	0.13	0.38

名称	插脚											
	14	15	16	17	18	19	20	21	22	23	24	25
2XP1			0	0	0	5	5	0	0	0	5	5
2XP2	0.38		0.15	4.8	0.8	0.15	0.34	−1.48		5		

表 4.29　发射/显示单元(11-2)集成电路静态电压　　　　　　　　单位：V

名称	插脚									
	1	2	3	4	5	6	7	8	9	10
D1	0.8	0.82	5	5	0	5	0	4.6	0	0
D2	0.11	5	4.6	0.2	1.3	0.1	0	0.2	4.3	5
D3	0	5	0	4.3	1.3	0.15	0	5	0.1	0.2
D4	0	0	5	5	0	3.8	0	5	0	0
D5	4.3	4.3	0	4.3	0	0.1	0	0.1	0	0
D6	0	0.16	3.6	1.3	3.6	0.1	3.6	0.2	3.6	0
D7	4.3	5	4.3	4.6	4.6	4.3	0	0.1	0.16	0.2
D8	0	0.1	4.5	5	3.3	0	0	5		
1D1	1.2	5	0.9	1.2	5	0.9	0	0.9	1.2	5
1D2	0	0.1	5	4.3	0.15	4.9	0.7	0	0	4.3
1D3	0.2	0.1	0.15	2.2	0.1	0.15	0	4.3	1.3	1.3
1D4	0	0.15	5	3.2	0.1	5	0.7	0	0	0.15
1D5	0.12	0	2.1	3.8	0.1	4	0.1	0	0.1	0.1
1D6	5	0.15	2.1	2.2	0.15	3.3	0	0.15	1.3	0.15
1D7	0	0.15	5	4.3	0.15	5	0.7	0.08	0	0
1D8	0.1	0.1	0.1	2.2	0.15	0.1	0	0.1	0.15	2.1
1D9	0	1.2	0.6	4.3	0.4	4.5	0.6	0	0	4.3
1D11	5	0.4	4	4	4	0.4	0	0.1	1.3	1.3
1D12	0.25	0.2	0	0	0	0	0	0	0	0
1N1	−15	0.9	0.9	−15	−15	3.4	15	0		
1N2	0	0.8	0.8	−15	0	4.7	15	0		
1N3	0	0.15	0.15	−15	0	0.8	15	0		
A1	0.15	0.15	0.12	1.7	1.7	4	0	4	1.7	1.7

名称	插脚									
	11	12	13	14	15	16	17	18	19	20
D1	0	5	4.6	0.4变						
D2	0.2	0.15	1.3	5						

名称	插脚									
	11	12	13	14	15	16	17	18	19	20
D3	5	0.15	4.3	5						
D4	0	5	0	0						
D5	0	4.4	4.4	5						
D6	1.3	0.1	1.3	0.1	1.3	3.6	1.3	0.1	0	5
D7	0.1	0.2	0.2	5						
1D1	0.9	1.2	5	5						
1D2	5	4.3	0.15	5	0.7	5				
1D3	1.3	0.15	2.1	5						
1D4	5	3.2	0.13	5	0.7	5				
1D5	0.1	4	0.1	1.3	1.1	5				
1D6	1.3	0.15	1.3	5						
1D7	5	4.3	0.15	5	0.8	5				
1D8	0.1	0.15	2.1	5						
1D9	5	4	0.14	5	0.5	5				
1D11	0.1	1.3	1.3	5						
1D12	0.2	0.4	4	5						
A1	4	1.7	1.7	5						

表 4.30　发射/显示单元(11-2)晶体管静态电压　　　　　　　　　单位：V

插脚	名称									
	1V1	1V2	1V3	1V4	1V5	1V6	1V7	1V8	1V9	1V10
1	0.0	0.5	0.1	14.4	0.0	0.6	0.05	14.4	3.5	0.0
2	0.7	0.06	0.07	15.0	0.7	0.06	0.06	15.0	0.32	0.74
3	0.07		15.0		0.06		15.0			0.04

插脚	名称									
	XP1	V1	V2	V3	V4	V6	V7	V9	V10	V11
1	13.3	0.05	0.05	0.0	0.0	0.0	0.0	0.2	0.03	3.9
2	−15.0	4.8	5.0	5.0	5.0	5.0	5.0	0.12	0.0	4.4
3	−1.2									
4	−15.0									
5	14.9									
6	0.3									
7	15.0									
8	0.04									

表 4.31　测距单元(11-3)插座静态电压　　　　　　　　　　单位:V

名称	插脚												
	1	2	3	4	5	6	7	8	9	10	11	12	13
3XP1	0	0	0				0.13	0.14			0.16		
3XP2	15	15		−15	−15	0			1.1		0.14	0.16	0.11

名称	插脚										
	14	15	16	17	18	19	20	21	22	23	24	25
3XP1											5	5
3XP2	0.11	0.11				0.14		4.8	4.11		0	0

表 4.32　测距单元(11-3)集成电路静态电压　　　　　　　　单位:V

名称	插脚													
	1	2	3	4	5	6	7	8	9	10	11	12	13	14
D1	0.11	0.11	0.11	5	2.36变	0	0	0.11	0	4.8	4	5.0	5.0	5.0
D2	−4.04	−6.42	−5											
D3	0.01	3.57	1.3	2.65	3.53	3.53	1.44	1.28	3.54	0	1.62	3.65	1.3	1.29
D4	0.0	0.0	0.0	0.0	0.0	5	5	4.07	5	5	1.65	2.67	1.44	2
D5	5	5	5	0	5	0.16	0	4.1	4.1	4.1	4.1	5	4.1
D6	5	0	4.1	3.53	3.54	0.18	15	10.2	0	10	−15	9.96	−0.30变	−0.25变
D7	5	5	0.18	1.3	1.3	0.18	0	0.18	1.3	1.3	0.18	1.3	1.31	5
D9	5	5	2.3变	5	0.5	5	0.5变	5	2.36变	0	5	1.9变	5.0	2.0变
D10	5	5	0	0	0	2.38变	0	5	5	0				
D11	5.0	5.0	2.3变	5	0.5变	0	0.5变	0	2.4变	0	5	1.9变	5	2.0变
D12	0	0.16	5	3.46	0.14	5	0.77	0	0.15	5	5	3.46	0.15	5
D13	0.47	0.5变	0	0	0	0	0	0	0	0.55变	0.47	0.42	0.34	15
D14	1.0变	0.5变	0.5变	−15	0.5变	0.5变	0.1变	15						
D15	−15	0.06变	0.1变	−15	−15	0.2变	15	0						
D17	0	0	5	4.5	0.12	0	5	0	0.16	5	5	4.5	0.12	0
D18	0	5	5	5	0.15	5	0.73	0	0	5	5	4.31	0.16	5
D19	0.04	5	0	0.16	0	0.14	0	0.16	0	0.15	0	0.32	4.65	5
D20	0	1.74	5	0	0.14	5	0.73	0	0	0.18	5	4.31	0.18	5
D21	0.68	0.18	0.16	0.16	0.13	0.16	0	0.16	0.13	5	0.18	5	0.18	5
D22	5	5	0.17	0.16	3.48	3.48	0	5	5	0.22	0.16	0	0	4.9
D23	0	1.32	0.12	0.15	0.15	0.12	0.13	0.13	0.12	0	0.16	0.13	0.17	0.14

名称	插脚												
	15	16	17	18	19	20	21	22	23	24	25	26	27	28
D1	5.0	5.0	5.0	2.29	2.08	0	5	4.98	5.0	5.0	5.0	5.0	5.0	5.0
D3	3.56	3.56	1.3	1.3	3.58	5								

名称	插脚													
	15	16	17	18	19	20	21	22	23	24	25	26	27	28
D4	1.9	2.46	0.65变	0.5	2.5	0	4.89	0.0	0.0	0.0	0.0	0.0	0.0	0.0
D5	4.1	5.0												
D6	0	2.6	0.6变	0.5变	2.26变	2.6变	1.44	2.0变	1.95变	2.45变	0.6变	0.5变	2.5变	0.11
D9	0	1.44	5	2.67	5	5								
D11	5	1.44	0	2.6变	5.0	5.0								
D12	0.78	5.0												
D17	5.0	5.0												
D18	0.74	5.0												
D20	0.74	5.0												
D23	0.18	0.15	0.22	3.69	0	5								

名称	插脚													
	29	30	31	32	33	34	35	36	37	38	39	40	41	42
D1	5.0	1.58	5	2.53变	0.5	0.6变	2.46变	1.95变	2.05变	1.43	2.7变	5		
D4	5	0	5	5	5	0	0	5	0	0	0	5		

注:"变"指数据在一定范围内不断变化,下同

表 4.33　测距单元(11-3)晶体管静态电压　　　　　　　　单位:V

插脚	名称			
	V1	V2	V5	V6
1	0.57	0.47	0.0	0.0
2	1.18	0.0	0.8	0.79
3	4.85		0.42	0.4

表 4.34　终端单元(11-4)插座静态电压　　　　　　　　单位:V

名称	插脚												
	1	2	3	4	5	6	7	8	9	10	11	12	13
4XP1	0	0	0.01	0	0.01	0.08	0.07	5	1.93	2.22	2.74	0	0
4XP2	15	15	0	−15	−15	0	0	0	0	0	2.35变	0.01	0.12

名称	插脚											
	14	15	16	17	18	19	20	21	22	23	24	25
4XP1	0	0	0.02	0.01	0	4.59	7.42	0.01	6.16	0.01	5	4.91
4XP2	0.12	0.12	5	0.01	0.01	−5.8变	0.03	4.8	4.09	5	0	0

表 4.35　终端单元(11-4)集成电路静态电压　　　　　　　　单位:V

名称	插脚													
	1	2	3	4	5	6	7	8	9	10	11	12	13	14
D1	0.01	3.9	2.5	5.0	5.0	5.0	0.1	2.45变	0	4.08	4.9	4.96	5.0	5.0
D2	0	2	2	1.89	1.94	1.4	1.3	1.3	0.7	0.01	1.59	3	3.6	1.88

名称	插脚													
	1	2	3	4	5	6	7	8	9	10	11	12	13	14
D3	2.27	2.05	1.89	1.3	1.3	3.5	1.88	1.4	4.1	0	3.8	1.4	1.8	3
D4	5	0	3.7	0.58	1	2.9	0.75	1.35	2	2	1.7	1.7	1.2	0
D5	0.08	1	4.88	0	0	0	4.3	0	4.3	4.3	4.3	4.18	4.15	4.17
D6	1.3	1.5	1.4	1.4	1.4	1.6	0	2.49	2.2	0.15	1.43	0.15	1.43	5
D7	5	5	2.45	4.3	4.3	4.3	4.3	3.8	3.8	0	3.8	3.8	0.02	4.22
D8	1.2	1.3	5	0	3.3	1.9	1.5	3.8	2.2	5	4.2	1.94	4.9	0.1
D9	7.4	9.4	2.7	4.1	−4.9	−8.82	−8.82	0.03	5	4.94	4.1	4.9	0.03	−6
D10	2.3	2.74	0.0	0.0	0.0	0.0	4.9	3.2	0	1.94	5.0	5.0	0.0	2.22
D11	0	0	1.6	0	0	2.45	0	4	5.0	5.0	1.65	1.8	1.7	1.1
D12	5.0	0.0	0.0	0.0	0.0	5.0	0.0	0.0	0.12	0.0	0.0	0.0	0.0	5.0
D13	4.14	5	0	1.3	1.2	1.6	1.7	−15	6.3	6.3	6.3	0.0	3.8	1.3
D14	4.11	5	0	1.3	1.2	1.65	1.7	−15	7	0	0	0	3.8	1.3
D15	5.0	5.0	5.0	4.31	0.12	0.12	1.20	0.0	0.0	5.0	5.0	4.31	0.12	0.0
D16	5	1.92	1.59	5	1.93	1.93	0.0	1.93	1.93	5.0	1.93	1.93	5.0	5.0
D17	6.16	0	0	−15	0	0	7.5	15						
D18	2.6	0	2.2	2	1.99	2.05	0	2.04	2	2.02	2.08	0	2.05	5
D19	2.04	0	2.02变	2.02变	2.02变	2.02变	0	0.16变	1.5变	1.5变	1.5变	0	2.0变	5
D20	4.3	1.7	2.2	2.01	1.6	1.2	2	2.05	1.3	0	4.4	3.2	2.08	2.02
D21	4.4	1.7	2.06	2	1.6	1.2	2.0变	2.0变	1.3	0	4.4	3.3	2.0变	2.0变
D22	5	5	5	4.32	0.11	0	1.2	0	5	5	5	4.32	0.12	0
D23	2.2	2.45	1.94	0	0.62	0.57	0	5						
D24	0.1	0	3.8	0.5	1.1	3	0.7	1.4	1.92	1.96	1.8	1.7	1.2	0
D25	5	5	0	0	0	2.2变	0	5						

名称	插脚													
	15	16	17	18	19	20	21	22	23	24	25	26	27	28
D1	5.0	5.0	5.0	3	1.6	0	0.07	1	4.95	0.0	0.0	0.0	0.0	0.0
D2	1	0.5	1.4	4.2	3.6	5								
D3	1.3	1.2	1.7	1.8	0	5								
D4	1.3	3	1.8	1.4	3.8	0	4.9	2.45	0	1	0.1	0	5	5
D5	4.15	5.0												
D7	4.3	4.3	0	0	2.2	5								
D8	3.8	0	0	3.5	4.2	1.59	0.0	0.0	4.9	0.01	2.46	5	1.8	1.7
D9	0.0	5.0												
D10	2.22	0.0	3.9	1.2	1.2	1.6	1.7	0.0	1.3	1.93	1.93	0.07	0.07	2.59
D11	1.2	3	1.65	1.3	3.8	0.0	0.0	0.0	0.0	0.0	5.0	0.0	0.0	5.0
D12	0.0	0.0	0.0	0.0	0.0	5.0								

名称	插脚												
	15	16	17	18	19	20	21	22	23	24	25	26	27	28
D13	1.65	3.1	4.13	5.0	5.0	5.0								
D14	1.65	3.1	4.11	5.0	5.0	5.0								
D15	1.2	5.0												
D20	1.8	1.5	2	2.04	4	5.0								
D21	1.8	1.5	1.5 变	0.15	3.9	5								
D22	1.19	5.0												
D24	1.3	3	1.8	1.4	3.9	0	4.88	5	0	1	0.07	0	5	5

名称	插脚												
	29	30	31	32	33	34	35	36	37	38	39	40	41	42
D1	2.45	1.59	0.01	4.1	1.5	1.87	3.6	1.3	1.4	1.88	2.05	5		
D11	0	0.02	4.59	0.0	0.0	0.0	0.0	0.0	0.0	0.0	0.0	5.0		

表 4.36　自检/解码单元(11-5)插座静态电压　　　　　　　单位：V

名称	插脚												
	1	2	3	4	5	6	7	8	9	10	11	12	13
5XP1	0	0	0	0	0	0	0	3.45	0	0.1	0.1	3.45	0
5XP2	15	15	0	−15	−15	0	0	0	0	0	0.13	0.14	0

名称	插脚											
	14	15	16	17	18	19	20	21	22	23	24	25
5XP1	0	0.12	0.13	0.12	0	1.23	1.23	1.23	1.24	0	5	5
5XP2	0	0	0	0	0	0.13	5	4.75	4.1	5.81	0	0

表 4.37　自检/解码单元(11-5)集成电路静态电压　　　　　　　单位：V

名称	插脚												
	1	2	3	4	5	6	7	8	9	10	11	12	13	14
D1	0	5	0	0	5	0	2.35 变	5	0	4.68	4.1	5	0.14	5.0
D2	0	1.8	1.45	1.68	2.08	1.71	1.48	1.4	1.68	0	1.59	2.32	1.72	0.75
D3	5	0	3.46	3.51	0.56	2.31	1.66	1.7	2.08	1.81	1.45	1.68	1.47	0
D4	0.08	0.09	5	2.4	0.13	2.4	0.13	2.4	0.14	0.52	0.55	0.0	0.0	0.08
D5	5	5	0	0	4.1	4.1	0	0	4.1	4.1	4.1	0.15	4.1	4.1
D6	5	5	0.0	0.0	0.0	2.2 变	0	5						
D7	1.26	0.13	0.14	5	5.81	0.14	0	0.13	1.26	0.13	1.26	0.13	1.26	5
D8	−8.3 变	−8.3 变	15	2.4	1.23 变	2.4	1.23 变	2.4	1.23 变	2.4	1.23 变	−15	−8.3 变	−8.3 变
D9	0	1.59	5	0.14	4.34	0	0.96	0	0	1.57	5	0.14	4.34	0
D10	0	1.58	5	0.13	4.34	0	0.9	0	0	1.58	5	0.13	4.33	0
D11	0	0.09	5	0.12	4.34	0	1.01	0	0	0.08	5	0.12	4.34	0

名称	插脚													
	1	2	3	4	5	6	7	8	9	10	11	12	13	14
D12	0	0.08	5	0.14	4.33	0	0.49	0	1.32	1.26	1.29	0.14	4.36	0
D13	4.1	1.45	4.35	4.35	1.68	1.48	4.34	4.34	1.4	0	0	1.72	4.35	4.34
D14	4.05	1.45	0.08	3.45	1.68	1.47	3.45	0.5	1.4	0	0	1.72	0.5	0.12
D15	0.08	0.08	5	1.39	0	1.39	0	0.51	0.53	0.53	0.51	0	0	0
D16	5	5	5	5	5	5	5	5	5	5	5	5	5	5

名称	插脚													
	15	16	17	18	19	20	21	22	23	24	25	26	27	28
D1	5.0	5.0	5.0	2.47	2.17	0	5	5	0.0	0.0	0.0	0.0	0.0	0.0
D2	0.56	3.53	2.34	2.18	3.6	5								
D3	1.4	1.72	0.75	2.4	2.18	0.0	0.0	2.45	0.0	5.0	5.0	0.0	5.0	5.0
D5	4.1	5.0												
D9	0.88	5.0												
D10	0.98	5												
D11	1.05	5.0												
D12	1.02	5.0												
D13	0.75	2.34	4.36	0.08	2.1	0.75								
D14	0.74	2.34	0.11	0.12	2.08	5								

名称	插脚													
	29	30	31	32	33	34	35	36	37	38	39	40	41	42
D1	2.46	1.59	0	2.18	2.34	0.75	1.72	1.4	1.48	1.68	1.45	5		

表 4.38　天控单元(11-6)插座静态电压　　　　单位:V

名称	插脚												
	1	2	3	4	5	6	7	8	9	10	11	12	13
6XP1	0	0	3.1	3.13	3.1	3.1	0	0	0.05	0	0	0	0
6XP2	15	15	0	−15	−15	0	1.91	1.96	1.77	1.89	2.09	2.18	2.68

名称	插脚											
	14	15	16	17	18	19	20	21	22	23	24	25
6XP1	0.06	0	0	0	0	1.24	1.24	1.24	1.24	0	5	5
6XP2	0.56	0	−0.02	0	0	4.36	0	4.68	4.1	5.81	0	0

表 4.39　天控单元(11-6)集成电路静态电压　　　　单位:V

名称	插脚													
	1	2	3	4	5	6	7	8	9	10	11	12	13	14
D1	0.75	0.75	0.75	0.75	1.24	1.23	0	0.75	0.75	0.75	0.75	1.23	1.24	5
D2	1.9	0.65	0.75	−15	0.25	0.12	13.6	15						
D3	5.0	0.0	0.0	0.0	0.0	5	2.4	0.24	0	4.69	4.1	5.0	5.0	5.0

名称	插脚													
	1	2	3	4	5	6	7	8	9	10	11	12	13	14
D1	1.23	0	0	0	0	5	4.72	5	5	4.82	1.54	4	3.3	2.05
D5	0	4.11	3.98	3.3	3.39	2.06	2.06	1.82	1.84	0	1.54	4.5	4.18	4.23
D6	5	4	1.91	1.96	3.3	2.06	1.76	1.89	1.81	0	5	4.18	2.1	2.18
D7	4.8	4.74	4.89	0	0	5	0.2	0	5	4.9	4.9	5	4.95	5
D8	4.5	5.0	5.0	5.0	0.0	0.0	0.0	0.0	0.0	0.0		5.0	0.0	0.0
D9	5	0	4.95	4.1	3.45	0.09	15	10	0	9.97	−15	0	1.9	1.9
D10	0.0	0.0	0.0	4.11	5	0	2.1	4.18	4.2	4.17	2.05	2.11	3.28	4
D11	0.0	0.0	0.0	4.13	5	0	2.1	4.18	4.2	4.18	1.8	2.04	3.32	4.01
D12	2.0变	4.83	4.83	4.11	5	4.95	4.81	5	5	0	3.48	4.07	4.01	3.48
D13	0	−15	−12.2											
D14	15.0	0.0	9.05											
D15	−4.68	0	0	−15	0	0	−4.73	15						
D16	15.0	0.0	12.0											
D17	0.65	0.65	0.65	0.67	1.23	1.23	0	0.65	0.65	0.65	0.65	1.23	1.24	5.0
D18	5.80	5.0	5.0	5.0	5.0	0.0	1.8变	0	1.7变	5	5	0	1.8变	0
D19	5.0	5.0	0.0	0.0	0.0	2.3	0.0	5.0						
D20	0.05	0	0	−15	0	0	0.06	15.0						

名称	插脚													
	15	16	17	18	19	20	21	22	23	24	25	26	27	28
D3	5.0	4.9	5	2.18	2.15	0	4.72	4.72	4.72	4.72	4.72	4.80	4.74	4.93
D4	1.81	4.18	4.14	4.18	2.11	0.0	0.0	0.0	0.0	0.0	0.0	0.0	0.0	0.0
D5	4.4	4.32	4.19	2.08	2.1	5								
D6	4.23	4.18	2.68	0.5	2.1	5								
D7	5.0	5.0												
D8	5.0	5.0												
D9	0	4.2	4.26	4.19	2.11	4.02	3.33	2.06	1.82	4.2	4.24	4.2	2.1	0.24
D10	4.12	4.03	4.81	15	9.05	−4.52								
D11	4.15	4.08	4.81	15	9.05	−4.52								
D12	0.09	2.0变	4.02	4.04	3.47	5.0								
D18	1.8变	5.0												

名称	插脚													
	29	30	31	32	33	34	35	36	37	38	39	40	41	42
D3	5	1.54	5	2.1变	4.1变	4.1变	4.1变	1.78	2.04	3.27	3.97	5		
D4	0.0	0.0	0.0	0.0	0.0	0.0	0.0	0.0	1.24	1.24	1.24	5.0		

表 4.40　天控单元(11-6)晶体管静态电压　　　　　　　　　　　　　　　单位：V

插脚	名称										
	V1	V2	V3	V4	V5	V6	V7	V8	V9	V10	V11
1	3.12	0.17	3.02	0.16	3.12	0.16	3.03	0.16	−0.02	0.0	0.0
2	5.27	−2.19	4.94	−2.20	5.2	2.20	5.2	−2.21	0.65	0.0	0.0
3	−12.2	8.87	−12.2	8.88	11.6	8.87	−12.26	8.89		0.0	0.0

表 4.41　轴角转换单元(11-7、11-8)插座静态电压　　　　　　　　　　単位：V

名称	插脚												
	1	2	3	4	5	6	7	8	9	10	11	12	13
7XP1	0	0	0	0.1变	0.1变	0	0.1变	0.14变	0.03变	0.03变	0.1变	0.01变	0
7XP2	15	15	0	−15	0	0	1.95	2	1.72	1.88	1.96	2.27	2.58

名称	插脚											
	14	15	16	17	18	19	20	21	22	23	24	25
7XP1	0	0	0	0	0	0	0	0	0	0	5	4.88
7XP2	0	0	4.44	4.39	4.35	4.34	0	4.65	4.1	0	0	0

表 4.42　轴角转换单元(11-7、11-8)集成电路静态电压　　　　　　　单位：V

名称	插脚													
	1	2	3	4	5	6	7	8	9	10	11	12	13	14
D1	4.81	4.81	0.0	4.83	4.83	4.83	2.2	4.83	0	4.65	4.1	4.83	4.83	4.83
D2	0	0.14	1.4	2.86	2.51	1.95	2.09	1.89	1.99	2.05	1.95	2	1.72	0
D3	5	0.14	1.39	2.9	2.57	1.9	2.09	1.91	2.03	2.06	1.93	2.04	1.74	0
D4	3.84	4.73	4.11	1.46	1.45	4.27	0	4.27	1.45	1.45	4.26	1.45	1.46	4.95
D5	0	1.2	3.79	1.34	0.15	3.36	0.15	0.47	0.14	0	0.06	0.49	0.05	2.69
D6	0	2.03	1.93	2.04	1.95	1.88	1.74	1.84	2	0	1.52	1.86	1.9	2.27
D7	0	2.04	1.39	1.95	2.89	1.88	2.55	2.02	1.89	0	1.87	2.07	2.57	1.92
D8	4.19	4.31	4.34	4.36	4.44	4.38	4.36	4.34	4.32	4.33	4.32	0	4.33	4.32
D9	0.15	4.02	1.42	0.11	1.42	0.11	0	0.11	1.42	0.11	1.42	0.11	1.42	4.95
D10	4.34	0.18	1.96	0.19	2.58	0.19	2.27	4.95	1.9	0	0.11	1.83	0.14	1.74
D11	4.95	0	1.38	2.87	2.54	1.89	2.06	1.9	2	2.04	1.93	2.04	1.74	0
D12	0.15	4.9	4.95	4.26	0.14	0.02	1.93	0.01	0.13	4.9	4.95	4.28	0.14	0.01
D14	0.15	0.15	0.16	1.84	1.83	4	0	4.02	1.83	1.83	4.01	1.84	1.84	5
D15	4.31	1.93	4.28	4.28	2.04	1.74	0.16	4.24	1.83	0	4.27	1.9	4.28	4.29
D16	4.35	4.35	1.9	2.27	2.58	1.96	4.28	0	0	0	4.29	0.21	4.27	4.25
D17	4.19	4.19	1.91	2.27	2.58	1.96	4.27	0	0	0	0.16	0.18	4.26	0.17
D18	4.38	1.93	0.16	4.3	2.04	1.74	4.27	4.25	1.83	0	4.28	1.9	4.29	0.19
D20	4.95	4.95	0.01	0.06	0	2.3	0							
M1	0.18	0.22	4.29	4.28	4.24	0.16	4.28	4.28	0.17	4.25	0.18	0.16	0	交流
M2	0.18	0.22	0.19	4.29	4.2	4.26	4.29	0.16	4.25	4.27	0.21	4.29	0	交流

名称	插脚													
	15	16	17	18	19	20	21	22	23	24	25	26	27	28
D1	4.83	4.74	4.74	2.35	2.09	0	1.35	1.24	3.1	0.48	0.05	0.05	0.06	0.34
D2	1.87	1.95	2.27	2.58	1.96	0.16	2.74	3.87	0.2	1.14	0.91	5	4.85	5
D3	1.83	1.89	2.27	2.58	1.95	0	2.74	2.6	0.47	1.14	1	0	5	5
D5	0.06	1.12	4.74	1	0	4.95								
D6	2.54	2.82	2.58	1.96	1.34	4.95								
D7	2.82	2.02	1.34	2.05	0	4.95								
D8	4.33	4.33	4.34	4.11	4.03	2.9	2.57	1.91	2.1	5				
D10	0.14	2.04	0.14	1.93	4.34	5								
D11	1.83	1.9	2.27	2.58	1.96	0.37	2.69	3.89	0	1.12	0.9	0	4.73	5
D12	1.92	4.95												
D15	2.27	2.58	0.22	0.18	1.96	4.96								
D16	0.0	4.95												
D17	0.0	4.96												
D18	2.27	2.58	0.22	0.18	1.96	4.95								
M1	交流	交流	0.15	4.81	15	0	−15	4.96	～115	～115				
M2	交流	交流	0.13	4.8	15	0	−15	4.95	～115	～115				

名称	插脚													
	29	30	31	32	33	34	35	36	37	38	39	40	41	42
D1	2.59	1.52	0	2	2.58	2.26	1.95	1.87	1.72	2	1.95	4.83		

4.8.3　动态电压

动态电压见表 4.43 至表 4.49。

表 4.43　探空通道单元(11-1)插座动态电压　　　　　单位:V

名称	插脚											
	1	2	3	4	5	6	7	8	9	10	11	12
1XP1							0.08～0.15	−0.16～0.05 变化	1.5 变化			
1XP2							2.8 变化	1.9 变化	6.5			

名称	插脚											
	13	14	15	16	17	18	19	20	21	22	23	24
1XP1												
1XP2				3.40～5.83							0	

注:"变化"是指摇动天线时所产生数据的变化,下同

表 4.44　发射/显示单元(11-2)插座动态电压　　　　单位:V

名称	插脚											
	1	2	3	4	5	6	7	8	9	10	11	12
2XP1						1.26	1.26	1.26	1.26	0.15	0.11	0.12
2XP2												

名称	插脚											
	13	14	15	16	17	18	19	20	21	22	23	24
2XP1		0.56~0.81										
2XP2				0.15	4.8	0.55~0.71	0.14	0.25	−1.4	4.9	0.15	

表 4.45　测距单元(11-3)插座动态电压　　　　单位:V

名称	插脚										
	1	2	3	4	5	6	7	8	9	10	11
3XP1		0					0.13	0.17			0.18
3XP2						0			0.9变化		0.15

名称	插脚										
	12	13	14	15	16	17	18	19	20	21	22
3XP1											
3XP2	0.18	0.13	0.13	0.13				0.14		4.4~4.9	4.5变化

表 4.46　终端单元(11-4)插座动态电压　　　　单位:V

名称	插脚											
	1	2	3	4	5	6	7	8	9	10	11	12
4XP1		0	0	0.01		0.13变化	0.06	7.59变化	1.9	2.5变化	2.7变化	0.01
4XP2						0.01	0.01	0.01	0.01	0.01	1.77~3.3	0.01

名称	插脚											
	13	14	15	16	17	18	19	20	21	22	23	24
4XP1	0	0	0.04	0		0.01	4.6	7.6	0	1.63		
4XP2		0.14	0.1	4.9	0.02	0.01	−5.0变化	−9.9	4.88变化	4.26变化	5.16	

表 4.47　自检/解码单元(11-5)插座动态电压　　　　单位:V

名称	插脚											
	1	2	3	4	5	6	7	8	9	10	11	12
5XP1								0.4	24.1	0.11	0.1	0.4
5XP2											0.12	0.14

名称	插脚											
	13	14	15	16	17	18	19	20	21	22	23	24
5XP1	24.1		0.11	0.14	0.18		1.3	1.3	1.3	1.3		
5XP2							0.13	5	4.88变化	4.25变化	5.96变化	

表 4.48　天控单元(11-6)插座动态电压　　　　　　　　　　单位:V

名称	插脚											
	1	2	3	4	5	6	7	8	9	10	11	12
6XP1			3.08~3.3	3.08~3.3	3.08~3.3	3.08~3.3	23.5变化		0.16变化			24.1变化
6XP2							2	1.95	1.9	2	2.2	2.3

名称	插脚											
	13	14	15	16	17	18	19	20	21	22	23	24
6XP1		0.13变化					1.3	1.3	1.3	1.3		
6XP2	2.8	0.5		0	0		4.8		4.8	4.2变化	5.9变化	

表 4.49　轴角转换单元(11-7、8)插座动态电压　　　　　　　单位:V

名称	插脚										
	1	2	3	4	5	6	7	8	9	10	11
7XP1							−0.4	−0.08	−13.15	−1.8	−0.2
7XP2							2	2.53变化	2.33变化	2	2.28变化

名称	插脚										
	12	13	14	15	16	17	18	19	20	21	22
7XP1	−0.12										
7XP2	2.6	2.92变化			4.6	4.7	4.5	4.6		4.88	4.4

4.8.4　静态波形

静态波形见表 4.50 至表 4.56。

表 4.50　探空通道单元(11-1)静态波形

1XP2	说明	波形
15	−1.5 V 脉冲 不规则	
16	直流电平 5.6 V 负脉冲 0~5.6 V 不规则	

1XP2	说明	波形
23	毛草	

表 4.51　发射/显示单元(11-2)静态波形

2XP2	说明	波形
6—9	程序方波 0～+5 V 脉冲宽度 5 ms 脉冲周期 20 ms	
10	主抑波门 0～3.4 V 脉冲周期 1.7 ms	
11	精触发 0～3.4 V 脉冲周期 1.7 ms	
12	粗触发 0～4.0 V 脉冲周期 1.7 ms	
14	800 kC 毛草	

2XP2	说明	波形
16	粗方波 直流电平 0.15 V 脉冲周期 52 μs 正向幅度脉冲 30 mV	

表 4.52　测距单元(11-3)静态波形

3XP1	说明	波形
3	距离 MC/AC 脉冲周期 52 μs 正向幅度脉冲 0.3 V	
7	发射触发(打开近程发射机) 0～3.2 V 脉冲周期 1.7 ms	
8	发射触发 0～3.2 V 脉冲周期 1.7 ms	
11	主抑触发 0～3.3 V 脉冲周期 1.7 ms	

3XP2	说明	波形
9	距离信号 毛草	
11	2 km 触发 0～3.4 V 脉冲周期 1.7 ms	
12	32 km 触发 0～4.0 V 脉冲周期 1.7 ms	
19	发射触发 0～4.0 V 脉冲周期 1.7 ms	
21	RXD1 直流电平 4.0 V 负脉冲幅度 4.0 V 不规则	
22	TXD1 0～5.0 V 不规则	

表 4.53　终端单元(11-4)静态波形

4XP1	说明	波形
9	频率指示 0~3.6 V 脉冲周期 40 μS	

4XP2	说明	波形
11	LED 放球 0~5.0 V 脉冲周期 180 ms	
19	TXD2 −8~+8 V 不规则	
20	RXD2 −0.6~1.2 V 不规则	
21—22	TXD1、RXD1 直流电平 4.8 V 负脉冲幅度 4.8 V 不规则	
23	角/距指示 直流电平 4.0 V 正三角脉冲幅度 1.2 V 不规则	

表 4.54　自检/解码单元(11-5)静态波形

5XP2	说明	波形
11	2 km 触发 0～3.5 V 脉冲周期 1.7 ms	
12	32 km 触发 0～4.0 V 脉冲周期 1.7 ms	
19	发射触发 0～4.0 V 脉冲周期 1.7 ms	
21	RXDI 直流电平 5.0 V 负脉冲幅度 5.0 V 不规则	
22	TXD1 脉冲幅度 0～5.0 V 不规则	
23	气象码 直流电平 6.0 V 负脉冲幅度 6.0 V 不规则	

表 4.55　天控单元(11-6)静态波形

6XP1	说明	波形
3—6	程序方波 负脉冲−3～+5 V 脉冲宽度 5 ms 脉冲周期 20 ms	
19—22	程序方波 0～5.0 V 脉冲宽度 5 ms 脉冲周期 20 ms	

6XP2	说明	波形
7—14	仰角数据 B0—B7 幅度 0～2.0～2.5 V 周期 0.56 μs	
16	角跟踪信号 毛草 幅度−1～1 V	
21	串口 RXD 直流电平 5.0 V 负脉冲 5.0 V 不规则	

6XP2	说明	波形
22	串口 TXD 直流电平 5.0 V 负脉冲 5.0 V 不规则	
23	探空码 直流电平 6.0 V 负脉冲 6.0 V 不规则	

表 4.56　轴角转换单元(11-7、11-8)静态波形

7XP1	说明	波形
8、10、12	同步机精 D1 幅度 −75~+75 V 周期 20 ms	
9	同步机精 D2 幅度 −2.4~+2.4 V 周期 20 ms	
11	同步机粗 D1 幅度 −2.0~+2.0 V 周期 20 ms	

7XP1	说明	波形
13	同步机粗 D3 幅度 −2.4～+2.4 V 周期 20 ms	

7XP2	说明	波形
7—14	数据 D0—D7 幅度 0～2.0～2.5 V 周期 0.56 μs	
21	串口 RXD 直流电平 5.0 V 负脉冲 5.0 V 不规则	
22	串口 TXD 直流电平 5.0 V 负脉冲 5.0 V 不规则	

4.8.5　动态波形

动态波形见表 4.57 至表 4.63。

表 4.57　探空通道单元(11-1)动态波形

1XP1	说明	波形
7	幅度 0～1.0 V 周期 20 ms 动态变化	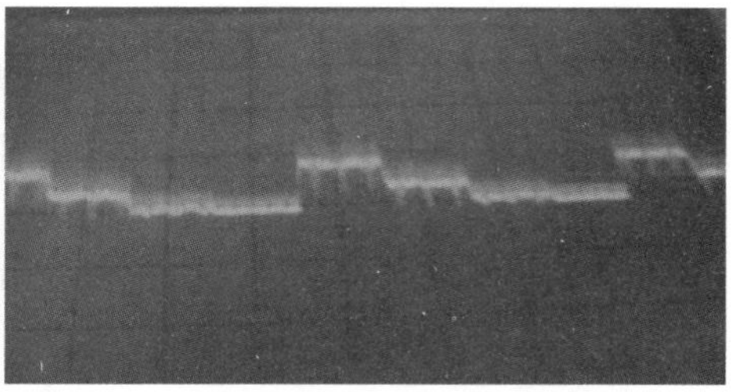
8	幅度 0～−1.0 V 周期 20 ms 动态变化	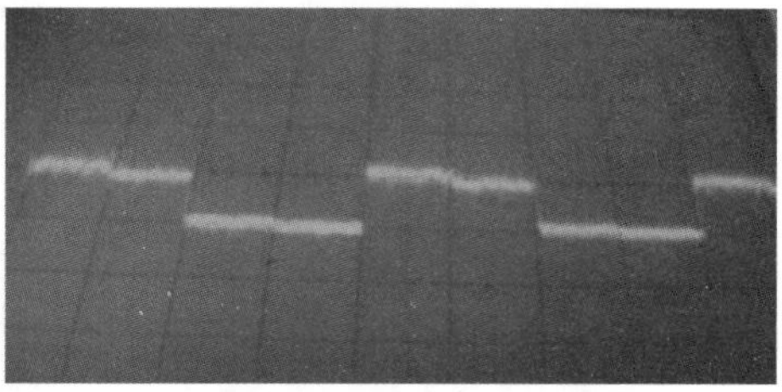

1XP2	说明	波形
16	信号 直流电平＋6.0 V 负信号 6.0 V 不规则	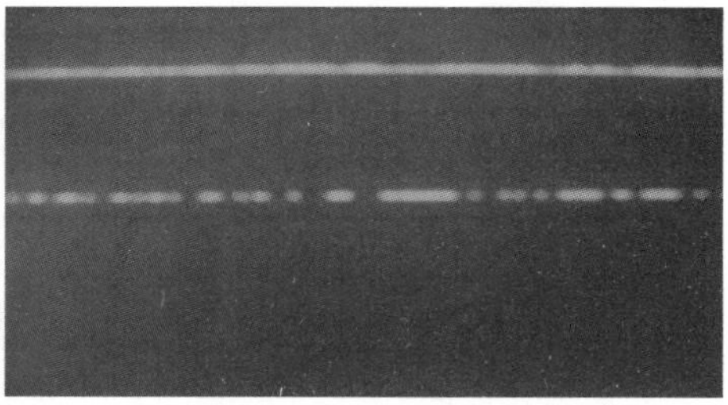
23	信号 最大信号幅度 −1.0～＋1.0 V 图像拉开后是正弦波	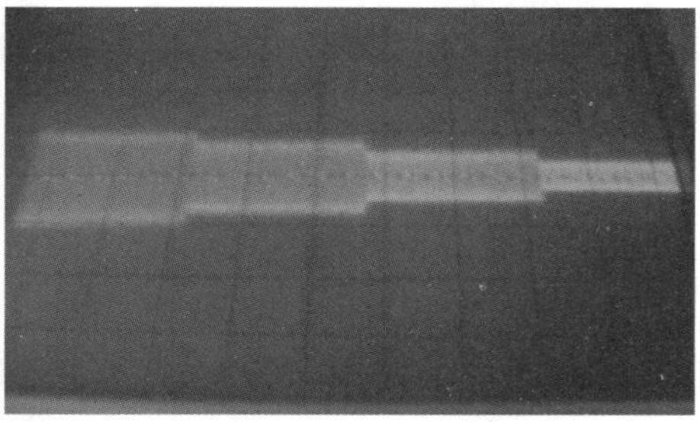

表 4.58　发射/显示单元(11-2)动态波形

2XP2	说明	波形
6—9	程序方波 0～5.0 V 脉冲宽度 5 ms 脉冲周期 20 ms	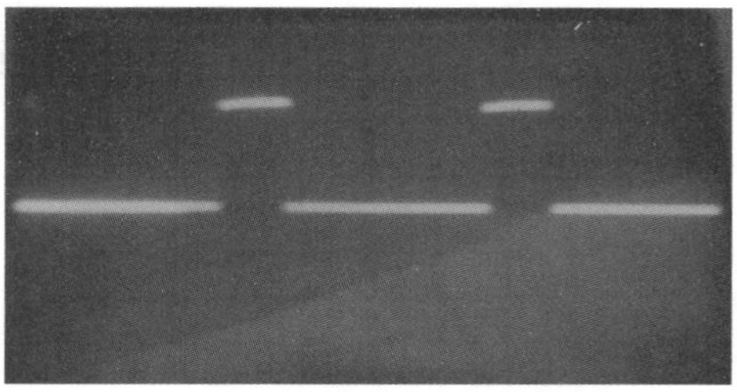

2XP2	说明	波形
10	主抑波门 幅度 0～3.6 V 周期 1.7 ms	
11	精触发 幅度 0～3.6 V 周期 1.7 ms	
12	粗触发 幅度 0～4.0 V 周期 1.7 ms	
14	信号毛草 最大幅度 5.0 V	
16	粗方波 直流电平 0.15 V 脉冲周期 52 μs 正向幅度脉冲 30 mV	
17	X 轴 幅度 0～3.2 V 脉冲周期 1.7 ms	

2XP2	说明	波形
18	Y 轴 最高幅度 3.0 V 周期 20 ms	
23	角距控制 直流电平幅度 3.6～4.4 V	

表 4.59　测距单元(11-3)动态波形

3XP1	说明	波形
3	距离 MC/AC 脉冲周期 52 μs 正向幅度脉冲 0.3 V	
7	发射触发(B) 0～3.2 V 脉冲周期 1.7 ms	
8	发射触发(A) 脉冲幅度 3.4 V 脉冲周期 1.7 ms	

3XP1	说明	波形
11	主抑触发 脉冲幅度 3.4 V 脉冲周期 1.7 ms	

3XP2	说明	波形
9	距离信号 幅度 0~3.2 V 周期 1.3 μs	
11	2 km 触发 脉冲幅度 3.4 V 脉冲周期 1.7 ms	
12	32 km 触发 脉冲幅度 4.0 V 脉冲周期 1.7 ms	
19	发射触发 脉冲幅度 4.0 V 脉冲周期 1.7 ms	

3XP2	说明	波形
21、22	RXD1、TXD1 直流电平 5.0 V 负脉冲幅度 5.0 V 不规则	

表 4.60　终端单元(11-4)动态波形

4XP1	说明	波形
9	频率指示 幅度 0~3.6 V 周期 40 μs	

4XP2	说明	波形
11	LED 放球 0~5.0 V 脉冲周期 180 ms	
19	TXD2 −8~+8 V 不规则	
21、22	TXD1、RXD1 直流电平 5.0 V 负脉冲幅度 5.0 V 不规则	

4XP2	说明	波形
23	角/距指示 直流电平 4.0 V	

表 4.61　自检/解码单元(11-5)动态波形

5XP2	说明	波形
11	2 km 触发 0～3.5 V 脉冲周期 1.7 ms	
12	32 km 触发 0～4.0 V 脉冲周期 1.7 ms	
19	发射触发 0～4.0 V 脉冲周期 1.7 ms	
21、22	RXDI、TXD1 直流电平 5.0 V 负脉冲幅度 5.0 V 不规则	
23	气象码 直流电平 6.0 V 负脉冲幅度 5.3 V 不规则	

表 4.62　天控单元(11-6)动态波形

6XP1	说明	波形
3—6	程序方波 负脉冲－3～＋5 V 脉冲宽度 5 ms 脉冲周期 20 ms	
19—22	程序方波 0～5.0 V 脉冲宽度 5 ms 脉冲周期 20 ms	

6XP2	说明	波形
7—13	仰角数据 B0—B6 最高幅度 5.0 V 周期 0.56 μs	
14	仰角数据 B7 最高幅度 1.8 V 周期 0.56 μs	
16	角跟踪信号 －1.2～＋1.2 V 周期 0.56 μs 动态变化	

6XP2	说明	波形
21	串口 RXD 直流电平 5.0 V 负脉冲 5.0 V 不规则	
22	串口 TXD 信号 5.0 V 不规则	
23	探空码 直流电平 6.0 V 负脉冲 6.0 V 不规则	

表 4.63　轴角转换单元(11-7、11-8)动态波形

7XP1	说明	波形
8、10	同步机精 D1、D3 幅度−80～+80 V 周期 20 ms 动态变化	
9	同步机精 D2 幅度−5.0～+5.0 V 周期 20 ms 动态变化	

7XP1	说明	波形
11	同步机粗 D1 幅度－5.0～＋5.0 V 周期 20 ms 动态变化	
12	同步机粗 D2 幅度－70～＋70 V 周期 20 ms 动态变化	
13	同步机粗 D3 幅度－2.0～＋2.0 V 周期 20 ms 动态变化	

7XP2	说明	波形
7-14	数据 D0—D7 幅度 4.0～5.0 V 周期 0.56 μs	
21	串口 RXD 直流电平 5.0 V 负脉冲 5.0 V 不规则	

7XP2	说明	波形
22	串口 TXD 直流电平 5.0 V 负脉冲 5.0 V 不规则	

4.9　主要集成电路功能

4.9.1　雷达主要集成电路

(1)HD74LS04P

双列 14 脚封装,六反相器,电源电压 5 V(图 4.17)。

(2)74LS08

74LS08 为四组 2 输入端与门(正逻辑),共有 54/7408、54/74S08、54/74LS08 三种线路结构型式,其主要电特性的典型值如下:型号 tPLHtphlPD54/ 740817.5ns12ns78mW54/ 74S084.5ns5ns125mW54/74LS088ns10ns17mW(图 4.18)。

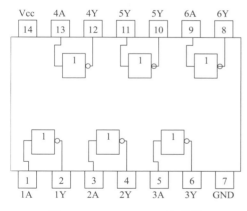

图 4.17　HD74LS04P 引脚图

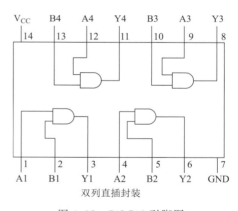

图 4.18　74LS08 引脚图

(3)74LS32

74LS32 是通用数字电路:2 输入端四或门,常用在各种数字电路以及单片机系统中(图 4.19),表达式为

$$Y = A + B$$

式中,A、B 为输入端,Y 为输出端,GND 为电源负极,VCC 为电源正极。

引脚排列图管脚功能:

左下 1--1A,2--1B,3--1Y;4--2A,5--2B,6--2Y;7--GND;

右起:右上 8--3Y,9--3A,10--3B;11--4Y,12--4A,13--4B;14--VCC。

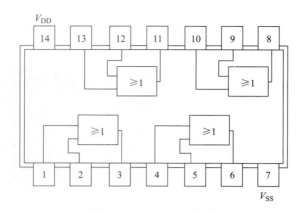

图 4.19　74LS32 引脚图

（4）74LS74

74LS74 是一个正触发双 D 触发器，其功能比较多，可用作寄存器、移位寄存器、振荡器、单稳态、分频计数器等功能。除此之外，像数字电路总的集成块的用途都相当多，根据具体情况灵活运用（图 4.20）。

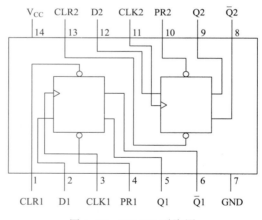

图 4.20　74LS74 引脚图

（5）74LS123

74LS123 为两个可以重触发的单稳态触发器，共有 54/74123 和 54/74LS123 两种线路结构型式（图 4.21 和图 4.22）。

INPUTS			OUTPUTS	
$\overline{\text{Clear}}$	A	B	Q	$\overline{\text{Q}}$
L	X	X	L	H
X	H	X	L	H
X	X	L	L	H
H	L	↑	⊓	⊔
H	↓	H	⊓	⊔
↑	L	H	⊓	⊔

图 4.21　74LS123 功能表

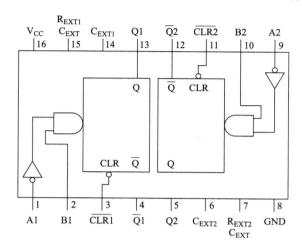

图 4.22　74LS123 引脚图

（6）74LS138

74LS138 为 3 线-8 线译码器,共有 54/74S138 和 54/74LS138 两种线路结构型式,其 74LS138 工作原理如下:当一个选通端（G1）为高电平,另两个选通端（G2A 和 G2B）为低电平时,可将地址端（A、B、C）的二进制编码在一个对应的输出端以低电平译出（图 4.23）。

74LS138 的作用:利用 G1、G2A 和 G2B 可级联扩展成 24 线译码器;若外接一个反相器还可级联扩展成 32 线译码器。若将选通端中的一个作为数据输入端时,74LS138 还可作数据分配器。

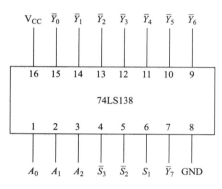

图 4.23　74LS138 引脚图

（7）74LS154

74LS154 是 4 线-16 线译码器/解调器,将 4 个二进制编码输入译成 16 个彼此独立的输出之一;将数据从一个输入线分配到 16 个输出的任意一个而实现解调功能;输入箝位二极管简化了系统设计;与大部分 TTL 和 DTL 电路完全兼容（图 4.24）。

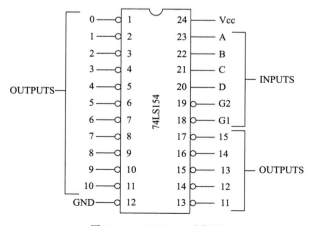

图 4.24　74LS154 引脚图

原理:这种单片4线-16线译码器非常适合用于高性能存储器的译码器。当两个选通输入G1和G2为低时,它可将4个二进制编码的输入译成16个互相独立的输出之一。实现解调功能的办法是:用4个输入线写出输出线的地址,使得在一个选通输入为低时数据通过另一个选通输入。当任何一个选通输入是高时,所有输出都为高。

(8)74LS173

74LS173为具有三态输出的4位寄存器,有54/74173、54LS173/74LS173两种线路结构形式(图4.25)。其主要电特性的典值如下:

型号 fmPD54170/7417035MHz250mW54LS170/74LS17050MHz95mW173 的输出端(Q)可直接与总线相连。

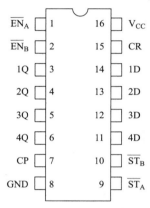

图4.25　74LS173引脚图

当三态允许控制端(AEN、BEN)为低电平时,输出端(1Q～4Q)为正常逻辑状态,可用来驱动负载或总线。当AEN或BEN为高电平时,1Q～4Q呈高阻态,既不驱动总线,也不为总线的负载,但触发器的时序操作不受影响。数据选通端(AST、BST),可控制数据(1D～4D)进入触发器。数据选通端(AST、BST)为低电平时,在时钟(CP)脉冲上升沿作用下,1D～4D进入相应触发器。

(9)74LS221

74LS221为具有两个施密特触发器输入的单稳态触发器,施密特触发器也有两个稳定状态,但与一般触发器不同的是,施密特触发器采用电位触发方式,其状态由输入信号电位维持;对于负向递减和正向递增两种不同变化方向的输入信号,施密特触发器有不同的阈值电压(图4.26和图4.27)。$T \approx 0.7RC$。

	INPUTS		OUTPUTS	
$\overline{CLR}$	A	B	Q	$\overline{Q}$
L	X	X	L	H
X	H	X	L	H
X	X	L	L	H
H	L	↑	⊓	⊔
H	↓	H	⊓	⊔
↑	L	H	⊓	⊔

H—高电平　　L—低电平　　X—任意电平　　↑—低到高电平跳变

图4.26　74LS221功能表

(10)74LS244

74LS244为3态8位缓冲器,一般用作总线驱动器(图4.28和图4.29)。74LS244没有锁存的功能。地址锁存器就是一个暂存器,它根据控制信号的状态,将总线上的地址代码暂存起来。8086/8088数据和地址总线采用分时复用操作方法,即用同一总线既传输数据又传输地址。

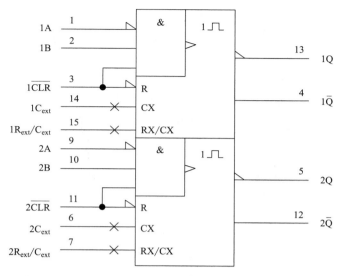

图 4.27　74LS221 逻辑图

INPUTS		OUTPUT
$\overline{G}$	A	Y
L	L	L
L	H	H
H	X	Z

图 4.28　74LS244 功能表

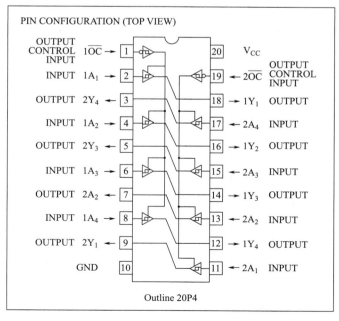

图 4.29　74LS244 引脚图

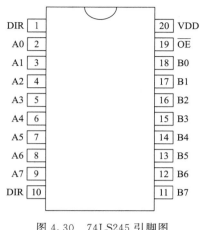

图 4.30　74LS245 引脚图

L＝低逻辑电平；H＝高逻辑电平；X＝高或低的逻辑电平；ž＝高阻抗。

74LS244 引脚图及引脚功能：

输入端 1A1～1A4,2A1～2A4；

三态允许端(低电平有效)1G,2G；

输出端 1Y1～1Y4,2Y1～2Y4。

(11)74LS245

74LS245 是一种在单片机系统中常用的 8 位总线驱动器,三态输出八路收发器,它在电路中的作用是:增加 IO 口的驱动能力,比如说 51 单片机的 IO 口本身的驱动电流较小但所带的负载很大,这种时候就可以使用 74LS245 来增强 IO 口的驱动能力(图 4.30)。

(12)74LS373

地址锁存器,三态缓冲输出的 8D 触发器,锁存允许输入有回环特性。

简要说明:373 为三态输出的 8D 透明锁存器,共有 54/74S373 和 54/74LS373 两种线路结构型式,其主要电器特性的典型值如下(不同厂家具体值有差别):型号 tPdPD54S373/74S3737ns525mW54LS373/74LS37317ns120mW373 的输出端 O0～O7 可直接与总线相连(图 4.31)。

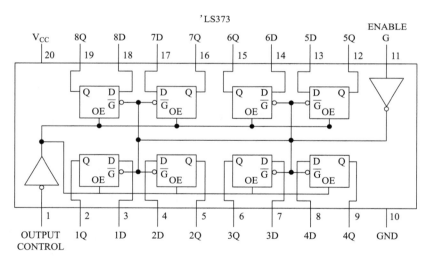

图 4.31　74LS373 引脚图

当三态允许控制端 OE 为低电平时,O0～O7 为正常逻辑状态,可用来驱动负载或总线。当 OE 为高电平时,O0～O7 呈高阻态,即不驱动总线,也不为总线的负载,但锁存器内部的逻辑操作不受影响。当锁存允许端 LE 为高电平时,O 随数据 D 而变。当 LE 为低电平时,O 被锁存在已建立的数据电平。LE 端施密特触发器的输入滞后作用,使交流和直流噪声抗扰度被改善 400 mV。

引出端符号:D0～D7 数据输入端;OE 三态允许控制端(低电平有效);LE 锁存允许端;O0～O7 输出端。

(13)74LS374

74LS374 为八上升沿 D 触发器(3S,时钟输入有回环特性),即为具有三态输出的八 D 边沿触发器,共有 54/74S374 和 54/74LS374 两种(图 4.32)。374 的输出端 O0~O7 可直接与总线相连。当三态允许控制端 OE 为低电平时,O0~O7 为正常逻辑状态,可用来驱动负载或总线。当 OE 为高电平时,O0~O7 呈高阻态,即不驱动总线,也不为总线的负载,但锁存器内部的逻辑操作不受影响。在时钟端 CP 脉冲上升沿的作用下,O 随数据 D 而变。由于 CP 端施密特触发器的输入滞后作用,交流和直流噪声抗扰度被改善 400 mV。

引出端符号:D0~D7 数据输入端;OE 三态允许控制端(低电平有效);CP 时钟输入端;O0~O7 输出端。

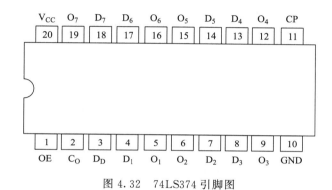

图 4.32　74LS374 引脚图

(14)74LS393

74LS393 为两个 4 位二进制计数器(图 4.33)。

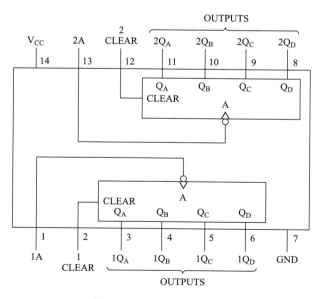

图 4.33　74LS393 引脚图

异步清零端(1clear,2clear)为高电平时,不管时钟端 1A、2A 状态如何,即可以完成清除功能。当 1clear、2clear 为低电平时,在 1A、2A 脉冲下降沿作用下进行计数操作。

引出端符号:1A、2A 时钟输入端(下降沿有效);1clear、2clear 异步清零端;1Qa~1Qd、

2Qa～2Qb 输出端。

(15)MAX232CPE

CMOS 双 RS232 发送器及接收器,16 针 SMD 封装 IC,用于完成计算机 232 端口数据电平转换(图 4.34)。

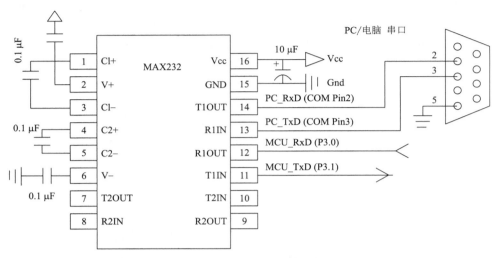

图 4.34　MAX232 逻辑图

(16)MAX813

微处理芯片,功能有:"看门狗"计时,1.6 s 无输入则输出;人工复位功能;200 ms 的复位脉冲;断电输出(<1.25 V)。

CPU 在执行某条指令时,受干扰的冲击,它的操作码或地址码会发生改变,致使该条指令出错。这时,CPU 执行随机拼写的指令,甚至将操作数作为操作码执行,导致程序"跑飞"或进入"死循环"。为使这种"跑飞"或进入"死循环"的程序自动恢复,重新正常工作,一种有效的办法是采用硬件"看门狗"技术。

① 功能介绍

MAX813L 监控电路可用于计算机、控制器、自动化设备、智能设备及微处理器监控中。它们有四个方面的功能:上电、掉电状态下的复位功能;MAX813L 还有 WATCHDOG 输出功能;内有一个 1.25 V 掉电告警门限检测器;手动复位输入。

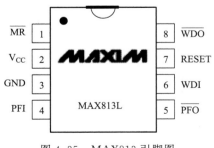

图 4.35　MAX813 引脚图

② 管脚介绍(图 4.35)

脚 1(/MR):当电压降至 0.8 V 以下时,手动复位触发一个复位脉冲。这个低电平为有效输入提供一个内部 250 μA 的上拉电流。

脚 2(VCC):+5 V 电源输入端。

脚 3(GND):对所有信号 0 V 参考地。

脚 4(PFI):电源失效监督输入端。当 PFI 低于 1.25 V,/PFO 为低电平。若 PFI 不用,可将其与 GND 或 VCC 相连。

脚 5(/PFO):当 PFI 低于 1.25 V 时,电源失效,输出为低电平,且吸收电流。

脚 6（WDI）："看门狗"输入端。正常工作时,应在每 1.6 s 内向该端送一次"喂狗"信号,当 WDI 维持高电平或低电平达 1.6 s 时,"看门狗"信号输出（WDO）。

脚 7（RESET）：复位信号输出端。上电时自动输出复位信号,当手动复位（MR）检查到低电平时,也会输出复位信号。

脚 8（WDO）："看门狗"输出端。此端口正常工作时为高电平,当内部看门狗定时器完成 1.6 s 计数后,/WDO 变为低电平。

（17）LM339

LM339（四路差动比较器）是在电压比较器芯片内部装有四个独立的电压比较器,是一种常见的集成电路,主要应用于高压数字逻辑门电路。

利用 LM339 可以方便地组成各种电压比较器电路和振荡器电路。

LM339 类似于增益不可调的运算放大器。每个比较器有两个输入端和一个输出端。两个输入端一个称为同相输入端,用"＋"表示,另一个称为反相输入端,用"－"表示（图 4.36）。用作比较两个电压时,任意一个输入端加一个固定电压作为参考电压（也称为门限电平,它可选择 LM339 输入共模范围的任何一点）,另一端加一个待比较的信号电压。当"＋"端电压高于"－"端时,输出管截止,相当于输出端开路。当"－"端电压高于"＋"端时,输出管饱和,相当于输出端接低电位。两个输入端电压差别大于 10 mV 就能确保输出能从一种状态可靠地转换到另一种状态,因此,把 LM339 用在弱信号检测等场合是比较理想的。LM339 的输出端相当于一只不接集电极电阻的晶体三极管,在使用时输出端到正电源一般须接一只电阻（称为

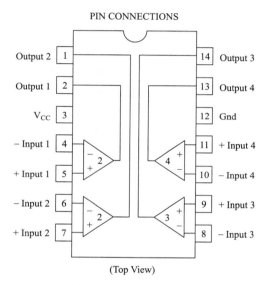

图 4.36　LM339 引脚图

上拉电阻,选 3～15 kΩ）。选不同阻值的上拉电阻会影响输出端高电位的值。因为当输出晶体三极管截止时,它的集电极电压基本上取决于上拉电阻与负载的值。另外,各比较器的输出端允许连接在一起使用。

（18）LM358

运算放大器包括两个高增益的、独立的、内部频率补偿的双运放。5 头、6 头输入,7 头输出；2 头、3 头输入,1 头输出；2 头、6 头反向输入（图 4.37）。

LM358 的封装形式有塑封 8 引线双列直插式和贴片式。

（19）LM393P（图 4.38）

采用双列直插 8 脚封装、低功耗双电压比较器,电源电压为 ±1～±18 V 或 2～36 V,包含两个独立的精密电压比较器,其偏移电压幅度最大仅为 2.0 mV。此系列 IC 特别设计在宽电压范围的单一电压供电下工作,并且其低功率供电电流消耗与供电电压的幅度互不相干。该系列比较器有一个独特的特性：即使工作在单一供电电压下,其输入共模电压范围也能包括零电压（地）。应用领域包括：限幅比较器,简单模/数转换器；脉冲,方波及时间延迟发生器；宽范围压控振荡器；MOS 时钟定时器；多重振荡器及高电压数字逻辑门。

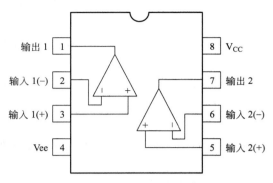

图 4.37　LM358 引脚图及功能

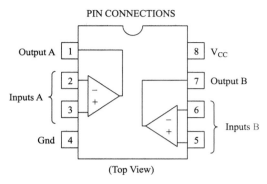

图 4.38　LM393 引脚图

（20）AD574A

AD574A 是美国模拟数字公司（Analog）推出的单片高速 12 位逐次比较型 A/D 转换器，内置双极性电路构成的混合集成转换显片，具有外接元件少、功耗低、精度高等特点，并且具有自动校零和自动极性转换功能，只需外接少量的阻容件即可构成一个完整的 A/D 转换器。

AD574A 的引脚（图 4.39）说明如下。

Pin1（＋V）：＋5 V 电源输入端。

Pin2（）：数据模式选择端，通过此引脚可选择数据纵线是 12 位或 8 位输出。

Pin3（）：片选端。

Pin4（A0）：字节地址短周期控制端。与端用来控制启动转换的方式和数据输出格式。须注意的是，端 TTL 电平不能直接＋5 V 或 0 V 连接。

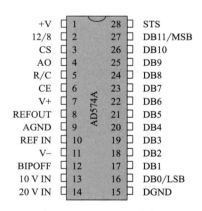

图 4.39　AD574A 引脚图

Pin5（）：读转换数据控制端。

Pin6（CE）：使能端。

Pin7（V＋）：正电源输入端，输入＋15 V 电源。

Pin8（REFOUT）：10 V 基准电源电压输出端。

Pin9（AGND）：模拟地端。

Pin10（REF IN）：基准电源电压输入端。

Pin（V－）：负电源输入端，输入－15 V 电源。

Pin1（V＋）：正电源输入端，输入＋15 V 电源。

Pin13（10 V IN）：10 V 量程模拟电压输入端。

Pin14（20 V IN）：20 V 量程模拟电压输入端。

Pin15（DGND）：数字地端。

Pin16—Pin27（DB0—DB11）：12 条数据总线。通过这 12 条数据总线向外输出 A/D 转换数据。

Pin28（STS）：工作状态指示信号端，当 STS＝1 时，表示转换器正处于转换状态，当 STS＝0 时，声明 A/D 转换结束，通过此信号可以判别 A/D 转换器的工作状态，作为单片机的中断或查询信号之用。

（21）DAC0832LCN

DAC0832 是采用 CMOS 工艺制成的单片直流输出型 8 位数/模转换器（图 4.40）。

$D_0 \sim D_7$：数字信号输入端。

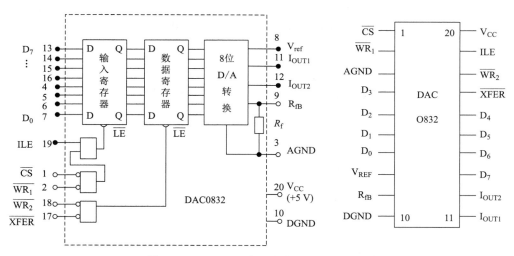

图 4.40　DAC0832 的逻辑框图和引脚排列

ILE:输入寄存器允许,高电平有效。

CS:片选信号,低电平有效。

WR_1:写信号 1,低电平有效。

XFER:传送控制信号,低电平有效。

WR_2:写信号 2,低电平有效。

I_{OUT1}、I_{OUT2}:DAC 电流输出端。

R_{fB}:是集成在片内的外接运放的反馈电阻。

V_{ref}:基准电压(−10∼10 V)。

V_{CC}:是源电压(+5∼+15 V)。

AGND:模拟地 NGND:数字地,可与 AGND 接在一起使用。

(22)ADC0809CCN

8 位 8 通道逐次逼近式 A/D 转换器,CMOS 工艺,可实现 8 路模拟信号的分时采集,片内有 8 路模拟选通开关,以及相应的通道地址锁存用译码电路,其转换时间为 100 μs 左右(图 4.41)。

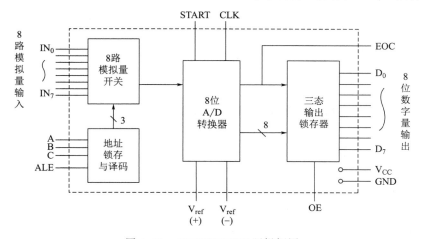

图 4.41　ADC0809CCN 逻辑框图

图中多路开关可选通 8 个模拟通道,允许 8 路模拟量分时输入,共用一个 A/D 转换器进行转换。地址锁存与译码电路完成对 A、B、C 三个地址位进行锁存和译码,其译码输出用于通道选择(图 4.42)。

(23)2764

2764 是 8 K×8 字节的紫外线镲除、电可编程只读存储器,28 脚双列直插式封装,单一+5 V供电,工作电流为 75 mA,维持电流为 35 mA,读出时间最大为 250 ns,28 脚双列直插式封装(图 4.43)。

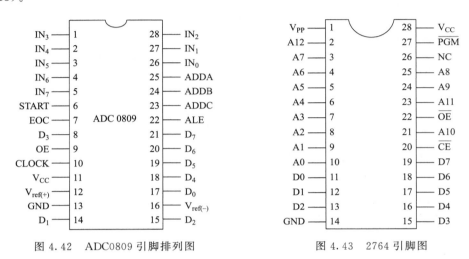

图 4.42 ADC0809 引脚排列图　　　　　图 4.43 2764 引脚图

各引脚的含义为:A0—A12 为 13 根地址线,可寻址 8K 字节;O0—O7 为数据输出线;CE为片选线;OE 为数据输出选通线;PGM 为编程脉冲输入端;Vpp 是编程电源;Vcc 是主电源。

(24)AT28C17

电可擦可编程只读存储器。

(25)CD4066

CD4066(图 4.44)是四双向模拟开关,主要用作模拟或数字信号的多路传输。CD4066 的每个封装内部有 4 个独立的模拟开关,每个模拟开关有输入、输出、控制三个端子,其中输入端和输出端可互换。当控制端加高电平时,开关导通;当控制端加低电平时开关截止。模拟开关导通时,导通电阻为几十欧姆;模拟开关截止时,呈现很高的阻抗,可以看成为开路。模拟开关可传输数字信号和模拟信号,可传输的模拟信号的上限频率为 40 MHz。各开关间的串扰很小,典型值为−50 dB。

(26)MC4066

制式转换开关,四双向开关,小电流开关的作用。

(27)EPM7064

嵌入式—CPLD(复杂可编程逻辑器件)MAX7000 系列 1250 个可用门、64 个宏单元、4 个逻辑阵列、36 个 I/O 门、最大延时 3.5 ns、输出 5 V。

(28)P80C31

80C31 单片机,它是 8 位高性能单片机。属于标准的 MCS-51 的 HCMOS 产品。它结合了 HMOS 的高速和高密度技术及 CHMOS 的低功耗特征,标准 MCS-51 单片机的体系结构和指令系统。80C31 内置中央处理单元、128 字节内部数据存储器 RAM、32 个双向输入/输出

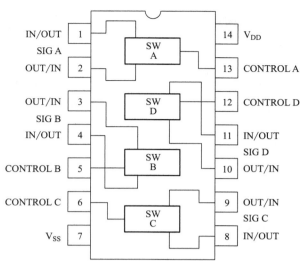

图 4.44　CD4066 引脚图

（I/O）口、2 个 16 位定时/计数器和 5 个两级中断结构，一个全双工串行通信口，片内时钟振荡电路。但 80C31 片内并无程序存储器，需外接 ROM。此外，80C31 还可工作于低功耗模式，可通过两种软件选择空闲和掉电模式。在空闲模式下冻结 CPU 和 RAM 定时器、串行口和中断系统维持其功能。掉电模式下，保存 RAM 数据，时钟振荡停止，同时停止芯片内其他功能。80C31 有 PDIP(40 pin)和 PLCC(44 pin)两种封装形式。

8031 芯片具有 40 根引脚，其引脚图如图 4.45 所示。

40 根引脚按其功能可分为三类。

① 电源线：2 根

V_{CC}：编程和正常操作时的电源电压，接 +5 V。V_{SS}：地电平。

② 晶振：2 根

$XTAL_1$：振荡器的反相放大器输入。使用外部振荡器是必须接地。

$XTAL_2$：振荡器的反相放大器输出和内部时钟发生器的输入。当使用外部振荡器时用于输入外部振荡信号。

③ I/O 口共有 P_0、P_1、P_2、P_3 四个 8 位口，32 根 I/O 线，其功能如下：

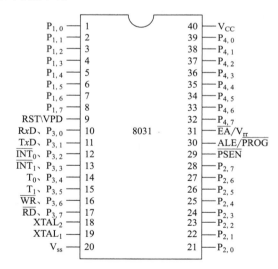

图 4.45　8031 引脚图

a. $P_{0.0}$—$P_{0.7}$(AD0—AD7)

是 I/O 端口 O 的引脚，端口 O 是一个 8 位漏极开路的双向 I/O 端口。在存取外部存储器时，该端口分时地用作低 8 位的地址线和 8 位双向的数据端口。（在此时内部上拉电阻有效）

b. $P_{1.0}$—$P_{1.7}$

端口 1 的引脚，是一个带内部上拉电阻的 8 位双向 I/O 通道，专供用户使用。

c. $P_{2.0}$—$P_{2.7}$(A8—A15)

端口 2 的引脚。端口 2 是一个带内部上拉电阻的 8 位双向 I/O 口,在访问外部存储器时,它输出高 8 位地址 A8—A15。

d. $P_{3.0}$—$P_{3.7}$

端口 3 的引脚。端口 3 是一个带内部上拉电阻的 8 位双向 I/O 端口,该口的每一位均可独立地定义第一 I/O 口功能或第二 I/O 口功能。作为第一功能使用时,口的结构与操作与 P1 口完全相同,第二功能如下示:

$P_{3.0}$ RXD(串行输入口)

$P_{3.1}$ TXD(串行输出口)

$P_{3.2}$(外部中断)

$P_{3.3}$(外部中断)

$P_{3.4}$ T_0(定时器 0 外部输入)

$P_{3.5}$ T_1(定时器 1 外部输入)

$P_{3.6}$(外部数据存储器写选通)

$P_{3.7}$(外部数据存储器读选通)

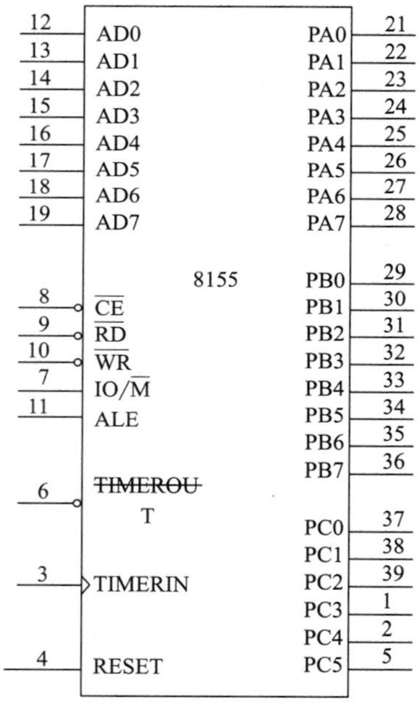

图 4.46 8155 引脚图

(29)8155

8155(图 4.46)是一种通用的多功能可编程 RAM/IO 扩展器,可编程是指其功能可由计算机的指令来加以改变。8155 片内不仅有 3 个可编程并行 I/O 接口(A 口、B 口为 8 位、C 口为 6 位),而且还有 2048 位静态内存与 I/O 端口和定时器,256BSRAM 和一个 14 位定时/计数器,常用作单片机的外部扩展接口,与键盘、显示器等外围设备连接。

8155 各引脚功能说明如下:

RESET:复位信号输入端,高电平有效。复位后,3 个 I/O 口均为输入方式。

AD0—AD7:三态的地址/数据总线。与单片机的低 8 位地址/数据总线(P0 口)相连。单片机与 8155 之间的地址、数据、命令与状态信息都是通过这个总线口传送的。

RD:读选通信号,控制对 8155 的读操作,低电平有效。

WR:写选通信号,控制对 8155 的写操作,低电平有效。

CE:片选信号线,低电平有效。

IO/M:8155 的 RAM 存储器或 I/O 口选择线。当 IO/M =0 时,则选择 8155 的片内 RAM,AD0—AD7 上地址为 8155 中 RAM 单元的地址(00H—FFH);当 IO/M =1 时,选择 8155 的 I/O 口,AD0—AD7 上的地址为 8155 I/O 口的地址。

ALE:地址锁存信号。8155 内部设有地址锁存器,在 ALE 的下降沿将单片机 P0 口输出的低 8 位地址信息及 IO/的状态都锁存到 8155 内部锁存器。因此,P0 口输出的低 8 位地址信号不需外接锁存器。

PA0—PA7:8 位通用 I/O 口,其输入、输出的流向可由程序控制。

PB0—PB7:8 位通用 I/O 口,功能同 A 口。

PC0—PC5:有两个作用,既可作为通用的 I/O 口,也可作为 PA 口和 PB 口的控制信号线,这些可通过程序控制。

TIMER IN:定时/计数器脉冲输入端。

TIMER OUT:定时/计数器输出端。

VCC:+5 V 电源。

(30)M81C55-5

专用 RAM/IO 接口芯片,具有 256 字节的静态 RAM,两个可编程的 8 位并行 I/O 口,一个可编程的 14 位减法计数器。

(31)M82C51A-2

可编程串行通信接口芯片

(32)AT89C52

Cmos8 位单片机,4 kB 可编程闪存,128B 随机存储数据存储器(RAM),可用 6 个中断源,128×8 字节内部 RAM,32 个 I/O 口,2 个 16 位定时/计数器,1000 次擦写周期。

(33)ATF16V8B-15PC

电可擦除的 CMOS 可编程逻辑器。

(34)12ZSZ

转换器外部引脚共 24 个(图 4.47)。其中直流供电引脚有 4 个,分别为+5 V、+15 V、−15 V、GND。输入模拟信号引脚有 5 个,分别为定子输出电压 S1、S2、S3,励磁电压 RH、RL,作为参考电压。控制信号有 3 个,M(BUSY)为"忙"脉冲输出端,INH、VEL 分别为选择信号(外部施加的禁止信号)、模拟速度量(与同步机转速成比例的直流电压),在本机中不用。数字输出脚共 12 个。

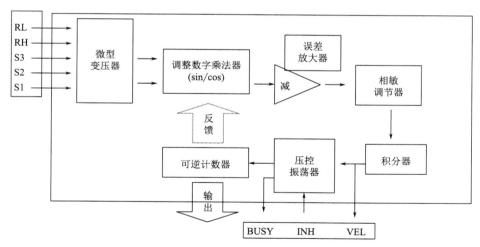

图 4.47　12ZSZ 原理框图

同步机输出三相正弦交流信号,经过内部微型 SCOTT 变压器转换成正、余弦形式。

$$V1=KEo\sin\omega t\sin\theta$$

$$V2=KEo\sin\omega t\cos\theta$$

式中,θ 为同步机角度。假定,当前可逆计数器的状态为 ϕ,那么 $V1$ 乘以 $\cos\phi$、$V2$ 乘以 $\sin\phi$,得到

$$KE_0\sin\omega t\,\sin\theta\cos\varphi$$
$$KE_0\sin\omega t\,\cos\theta\sin\varphi$$

经误差放大器相减得到

$$KE_0\sin\omega t\,(\sin\theta\cos\varphi-\cos\theta\sin\varphi)$$
$$即\ KE_0\sin\omega t\ \sin(\theta-\varphi)$$

在经过相敏解调器、积分器、压控振荡器(VCO)和可逆计数器形成一个闭合环回路系统,使 $\sin(\theta-\varphi)$ 趋近于零。当完成这一过程时,可逆计数器此时的状态字为(ϕ),即等于同步机此时的轴角 θ。

4.9.2　部分74系列芯片功能

反相器、驱动器 LS04 LS05 LS06 LS07 LS125 LS240 LS244 LS245

与门、与非门 LS00 LS08 LS10 LS11 LS20 LS21 LS27 LS30 LS38

或门、或非门、与或非门 LS02 LS32 LS51 LS64 LS65

异或门比较器 LS86 译码器 LS138 LS139 寄存器 LS74 LS175 LS373

(1)反相器

(2)驱动器

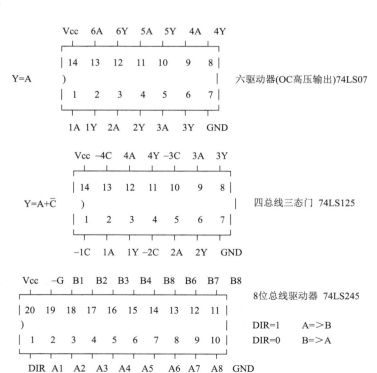

（3）正逻辑与门，与非门

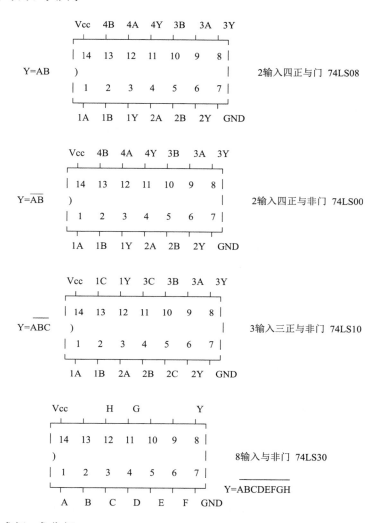

$Y=AB$　　　　2输入四正与门　74LS08

$Y=\overline{AB}$　　　　2输入四正与非门　74LS00

$Y=\overline{ABC}$　　　　3输入三正与非门　74LS10

8输入与非门　74LS30

$Y=\overline{ABCDEFGH}$

（4）正逻辑或门，或非门

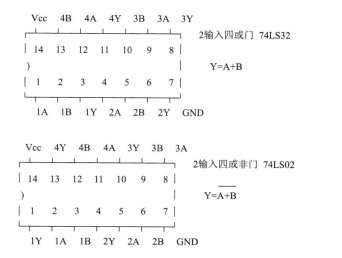

2输入四或门　74LS32

$Y=A+B$

2输入四或非门　74LS02

$Y=\overline{A+B}$

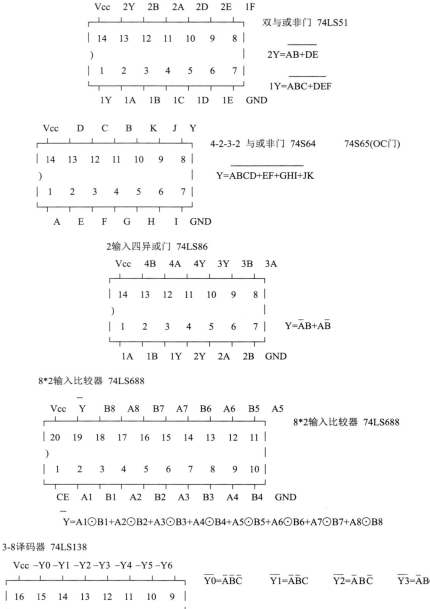

双与或非门 74LS51

$$2Y = \overline{AB+DE}$$

$$1Y = \overline{ABC+DEF}$$

4-2-3-2 与或非门 74S64   74S65(OC门)

$$Y = \overline{ABCD+EF+GHI+JK}$$

2输入四异或门 74LS86

$$Y = \overline{A}B + A\overline{B}$$

8*2输入比较器 74LS688

8*2输入比较器 74LS688

$$Y = A1\odot B1 + A2\odot B2 + A3\odot B3 + A4\odot B4 + A5\odot B5 + A6\odot B6 + A7\odot B7 + A8\odot B8$$

3-8译码器 74LS138

$$\overline{Y0} = \overline{A}\,\overline{B}\,\overline{C} \qquad \overline{Y1} = \overline{A}\,\overline{B}C \qquad \overline{Y2} = \overline{A}B\overline{C} \qquad \overline{Y3} = \overline{A}BC$$

$$\overline{Y4} = A\overline{B}\,\overline{C} \qquad \overline{Y5} = A\overline{B}C \qquad \overline{Y6} = AB\overline{C} \qquad \overline{Y7} = ABC$$

双2-4译码器 74LS139

$$\overline{Y0} = 2\overline{A}\,2\overline{B} \qquad \overline{Y1} = 2\overline{A}2B \qquad \overline{Y2} = 2A2\overline{B} \qquad \overline{Y3} = 2A2B$$

$$\overline{Y0} = \overline{1A}\,\overline{1B} \qquad \overline{Y1} = \overline{1A}1B \qquad \overline{Y2} = 1A\overline{1B} \qquad \overline{Y3} = 1A1B$$

（5）寄存器

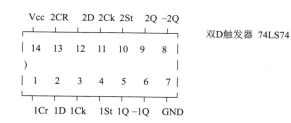

双D触发器 74LS74

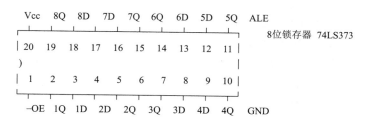

8位锁存器 74LS373

4.9.3 常见数字逻辑器件中文注解

4.9.3.1 74 系列

74LS00 TTL 2 输入端四与非门

74LS01 TTL 集电极开路 2 输入端四与非门

74LS02 TTL 2 输入端四或非门

74LS03 TTL 集电极开路 2 输入端四与非门

74LS04 TTL 六反相器

74LS05 TTL 集电极开路六反相器

74LS06 TTL 集电极开路六反相高压驱动器

74LS07 TTL 集电极开路六正相高压驱动器

74LS08 TTL 2 输入端四与门

74LS09 TTL 集电极开路 2 输入端四与门

74LS10 TTL 3 输入端 3 与非门

74LS107 TTL 带清除主从双 J-K 触发器

74LS109 TTL 带预置清除正触发双 J-K 触发器

74LS11 TTL 3 输入端 3 与门

74LSs112 TTL 带预置清除负触发双 J-K 触发器

74LS12 TTL 开路输出 3 输入端三与非门

74LS121 TTL 单稳态多谐振荡器

74LS122 TTL 可再触发单稳态多谐振荡器

74LS123 TTL 双可再触发单稳态多谐振荡器

74LS125 TTL 三态输出高有效四总线缓冲门

74LS126 TTL 三态输出低有效四总线缓冲门

74LS13 TTL 4 输入端双与非施密特触发器

74LS132 TTL 2 输入端四与非施密特触发器

74LS133 TTL 13 输入端与非门

74LS136TTL 四异或门

74LS138TTL 3-8 线译码器/复工器

74LS139TTL 双 2-4 线译码器/复工器

74LS14TTL 六反相施密特触发器

74LS145TTL BCD-十进制译码/驱动器

74LS15TTL 开路输出 3 输入端三与门

74LS150TTL 16 选 1 数据选择/多路开关

74LS151TTL 8 选 1 数据选择器

74LS153TTL 双 4 选 1 数据选择器

74LS154TTL 4 线-16 线译码器

74LS155TTL 图腾柱输出译码器/分配器

74LS156TTL 开路输出译码器/分配器

74LS157TTL 同相输出四 2 选 1 数据选择器

74LS158TTL 反相输出四 2 选 1 数据选择器

74LS16TTL 开路输出六反相缓冲/驱动器

74LS160TTL 可预置 BCD 异步清除计数器

74LS161TTL 可预制四位二进制异步清除计数器

74LS162TTL 可预置 BCD 同步清除计数器

74LS163TTL 可预制四位二进制同步清除计数器

74LS164TTL 八位串行入/并行输出移位寄存器

74LS165TTL 八位并行入/串行输出移位寄存器

74LS166TTL 八位并入/串出移位寄存器

74LS169TTL 二进制四位加/减同步计数器

74LS17TTL 开路输出六同相缓冲/驱动器

74LS170TTL 开路输出 4×4 寄存器堆

74LS173TTL 三态输出四位 D 型寄存器

74LS174TTL 带公共时钟和复位六 D 触发器

74LS175TTL 带公共时钟和复位四 D 触发器

74LS180TTL 9 位奇数/偶数发生器/校验器

74LS181TTL 算术逻辑单元/函数发生器

74LS185TTL 二进制-BCD 代码转换器

74LS190TTL BCD 同步加/减计数器

74LS191TTL 二进制同步可逆计数器

74LS192TTL 可预置 BCD 双时钟可逆计数器

74LS193TTL 可预置四位二进制双时钟可逆计数器

74LS194TTL 四位双向通用移位寄存器

74LS195TTL 四位并行通道移位寄存器

74LS196TTL 十进制/二-十进制可预置计数锁存器

74LS197TTL 二进制可预置锁存器/计数器

74LS20TTL 4 输入端双与非门

74LS21TTL 4 输入端双与门

74LS22TTL 开路输出 4 输入端双与非门

74LS221TTL 双/单稳态多谐振荡器

74LS240TTL 八反相三态缓冲器/线驱动器

74LS241TTL 八同相三态缓冲器/线驱动器

74LS243TTL 四同相三态总线收发器

74LS244TTL 八同相三态缓冲器/线驱动器

74LS245TTL 八同相三态总线收发器

74LS247TTL BCD-7 段 15 V 输出译码/驱动器

74LS248TTL BCD-7 段译码/升压输出驱动器

74LS249TTL BCD-7 段译码/开路输出驱动器

74LS251TTL 三态输出 8 选 1 数据选择器/复工器

74LS253TTL 三态输出双 4 选 1 数据选择器/复工器

74LS256TTL 双四位可寻址锁存器

74LS257TTL 三态原码四 2 选 1 数据选择器/复工器

74LS258TTL 三态反码四 2 选 1 数据选择器/复工器

74LS259TTL 八位可寻址锁存器/3-8 线译码器

74LS26TTL 2 输入端高压接口四与非门

74LS260TTL 5 输入端双或非门

74LS266TTL 2 输入端四异或非门

74LS27TTL 3 输入端三或非门

74LS273TTL 带公共时钟复位八 D 触发器

74LS279TTL 四图腾柱输出 S-R 锁存器

74LS28TTL 2 输入端四或非门缓冲器

74LS283TTL 4 位二进制全加器

74LS290TTL 二/五分频十进制计数器

74LS293TTL 二/八分频四位二进制计数器

74LS295TTL 四位双向通用移位寄存器

74LS298TTL 四 2 输入多路带存贮开关

74LS299TTL 三态输出八位通用移位寄存器

74LS30TTL 8 输入端与非门

74LS32TTL 2 输入端四或门

74LS322TTL 带符号扩展端八位移位寄存器

74LS323TTL 三态输出八位双向移位/存贮寄存器

74LS33TTL 开路输出 2 输入端四或非缓冲器

74LS347TTL BCD-7 段译码器/驱动器

74LS352TTL 双 4 选 1 数据选择器/复工器

74LS353TTL 三态输出双 4 选 1 数据选择器/复工器

74LS365TTL 门使能输入三态输出六同相线驱动器

74LS365TTL 门使能输入三态输出六同相线驱动器

74LS366TTL 门使能输入三态输出六反相线驱动器

74LS367TTL 4/2 线使能输入三态六同相线驱动器

74LS368TTL 4/2 线使能输入三态六反相线驱动器

74LS37TTL 开路输出 2 输入端四与非缓冲器

74LS373TTL 三态同相八 D 锁存器

74LS374TTL 三态反相八 D 锁存器

74LS375TTL 4 位双稳态锁存器

74LS377TTL 单边输出公共使能八 D 锁存器

74LS378TTL 单边输出公共使能六 D 锁存器

74LS379TTL 双边输出公共使能四 D 锁存器

74LS38TTL 开路输出 2 输入端四与非缓冲器

74LS380TTL 多功能八进制寄存器

74LS39TTL 开路输出 2 输入端四与非缓冲器

74LS390TTL 双十进制计数器

74LS393TTL 双四位二进制计数器

74LS40TTL 4 输入端双与非缓冲器

74LS42TTL BCD-十进制代码转换器

74LS352TTL 双 4 选 1 数据选择器/复工器

74LS353TTL 三态输出双 4 选 1 数据选择器/复工器

74LS365TTL 门使能输入三态输出六同相线驱动器

74LS366TTL 门使能输入三态输出六反相线驱动器

74LS367TTL 4/2 线使能输入三态六同相线驱动器

74LS368TTL 4/2 线使能输入三态六反相线驱动器

74LS37TTL 开路输出 2 输入端四与非缓冲器

74LS373TTL 三态同相八 D 锁存器

74LS374TTL 三态反相八 D 锁存器

74LS375TTL 4 位双稳态锁存器

74LS377TTL 单边输出公共使能八 D 锁存器

74LS378TTL 单边输出公共使能六 D 锁存器

74LS379TTL 双边输出公共使能四 D 锁存器

74LS38TTL 开路输出 2 输入端四与非缓冲器

74LS380TTL 多功能八进制寄存器

74LS39TTL 开路输出 2 输入端四与非缓冲器

74LS390TTL 双十进制计数器

74LS393TTL 双四位二进制计数器

74LS40TTL 4 输入端双与非缓冲器

74LS42TTL BCD-十进制代码转换器

74LS447TTL BCD-7 段译码器/驱动器

74LS45TTL BCD-十进制代码转换/驱动器

74LS450TTL 16：1 多路转接复用器多工器

74LS451TTL 双 8：1 多路转接复用器多工器

74LS453TTL 四 4：1 多路转接复用器多工器

74LS46TTL BCD-7 段低有效译码/驱动器

74LS460TTL 十位比较器

74LS461TTL 八进制计数器

74LS465TTL 三态同相 2 与使能端八总线缓冲器

74LS466TTL 三态反相 2 与使能八总线缓冲器

74LS467TTL 三态同相 2 使能端八总线缓冲器

74LS468TTL 三态反相 2 使能端八总线缓冲器

74LS469TTL 八位双向计数器

74LS47TTL BCD-7 段高有效译码/驱动器

74LS48TTL BCD-7 段译码器/内部上拉输出驱动

74LS490TTL 双十进制计数器

74LS491TTL 十位计数器

74LS498TTL 八进制移位寄存器

74LS50TTL 2-3/2-2 输入端双与或非门

74LS502TTL 八位逐次逼近寄存器

74LS503TTL 八位逐次逼近寄存器

74LS51TTL 2-3/2-2 输入端双与或非门

74LS533TTL 三态反相八 D 锁存器

74LS534TTL 三态反相八 D 锁存器

74LS54TTL 四路输入与或非门

74LS540TTL 八位三态反相输出总线缓冲器

74LS55TTL 4 输入端二路输入与或非门

74LS563TTL 八位三态反相输出触发器

74LS564TTL 八位三态反相输出 D 触发器

74LS573TTL 八位三态输出触发器

74LS574TTL 八位三态输出 D 触发器

74LS645TTL 三态输出八同相总线传送接收器

74LS670TTL 三态输出 4×4 寄存器堆

74LS73TTL 带清除负触发双 J-K 触发器

74LS74TTL 带置位复位正触发双 D 触发器

74LS76TTL 带预置清除双 J-K 触发器

74LS83TTL 四位二进制快速进位全加器

74LS85TTL 四位数字比较器

74LS86TTL 2 输入端四异或门

74LS90TTL 可二/五分频十进制计数器

74LS93TTL 可二/八分频二进制计数器

74LS95TTL 四位并行输入\\输出移位寄存器

74LS97TTL 6 位同步二进制乘法器

4.9.3.2 CD 系列

CD4000 双 3 输入端或非门＋单非门 TI

CD4001 四 2 输入端或非门 HIT/NSC/TI/GOL

CD4002 双 4 输入端或非门 NSC

CD4006 18 位串入/串出移位寄存器 NSC

CD4007 双互补对加反相器 NSC

CD4008 4 位超前进位全加器 NSC

CD4009 六反相缓冲/变换器 NSC

CD4010 六同相缓冲/变换器 NSC

CD4011 四 2 输入端与非门 HIT/TI

CD4012 双 4 输入端与非门 NSC

CD4013 双主-从 D 型触发器 FSC/NSC/TOS

CD4014 8 位串入/并入-串出移位寄存器 NSC

CD4015 双 4 位串入/并出移位寄存器 TI

CD4016 四传输门 FSC/TI

CD4017 十进制计数/分配器 FSC/TI/MOT

CD4018 可预制 1/N 计数器 NSC/MOT

CD4019 四与或选择器 PHI

CD4020 14 级串行二进制计数/分频器 FSC

CD4021 08 位串入/并入-串出移位寄存器 PHI/NSC

CD4022 八进制计数/分配器 NSC/MOT

CD4023 三 3 输入端与非门 NSC/MOT/TI

CD4024 7 级二进制串行计数/分频器 NSC/MOT/TI

CD4025 三 3 输入端或非门 NSC/MOT/TI

CD4026 十进制计数/7 段译码器 NSC/MOT/TI

CD4027 双 J-K 触发器 NSC/MOT/TI

CD4028 BCD 码十进制译码器 NSC/MOT/TI

CD4029 可预置可逆计数器 NSC/MOT/TI

CD4030 四异或门 NSC/MOT/TI/GOL

CD4031 64 位串入/串出移位存储器 NSC/MOT/TI

CD4032 三串行加法器 NSC/TI

CD4033 十进制计数/7 段译码器 NSC/TI

CD4034 8 位通用总线寄存器 NSC/MOT/TI

CD4035 4 位并入/串入-并出/串出移位寄存 NSC/MOT/TI

CD4038 三串行加法器 NSC/TI

CD4040 12 级二进制串行计数/分频器 NSC/MOT/TI

CD4041 四同相/反相缓冲器 NSC/MOT/TI

CD4042 四锁存 D 型触发器 NSC/MOT/TI

CD4043 4 三态 R-S 锁存触发器（"1"触发) NSC/MOT/TI

CD4044 四三态 R-S 锁存触发器（"0" 触发)NSC/MOT/TI

CD4046 锁相环 NSC/MOT/TI/PHI

CD4047 无稳态/单稳态多谐振荡器 NSC/MOT/TI

CD4048 4 输入端可扩展多功能门 NSC/HIT/TI

CD4049 六反相缓冲/变换器 NSC/HIT/TI

CD4050 六同相缓冲/变换器 NSC/MOT/TI

CD4051 八选一模拟开关 NSC/MOT/TI

CD4052 双 4 选 1 模拟开关 NSC/MOT/TI

CD4053 三组二路模拟开关 NSC/MOT/TI

CD4054 液晶显示驱动器 NSC/HIT/TI

CD4055 BCD-7 段译码/液晶驱动器 NSC/HIT/TI

CD4056 液晶显示驱动器 NSC/HIT/TI

CD4059 "N" 分频计数器 NSC/TI

CD4060 14 级二进制串行计数/分频器 NSC/TI/MOT

CD4063 四位数字比较器 NSC/HIT/TI

CD4066 四传输门 NSC/TI/MOT

CD4067 16 选 1 模拟开关 NSC/TI

CD4068 八输入端与非门/与门 NSC/HIT/TI

CD4069 六反相器 NSC/HIT/TI

CD4070 四异或门 NSC/HIT/TI

CD4071 四 2 输入端或门 NSC/TI

CD4072 双 4 输入端或门 NSC/TI

CD4073 三 3 输入端与门 NSC/TI

CD4075 三 3 输入端或门 NSC/TI

CD4076 四 D 寄存器

CD4077 四 2 输入端异或非门 HIT

CD4078 8 输入端或非门/或门

CD4081 四 2 输入端与门 NSC/HIT/TI

CD4082 双 4 输入端与门 NSC/HIT/TI

CD4085 双 2 路 2 输入端与或非门

CD4086 四 2 输入端可扩展与或非门

CD4089 二进制比例乘法器

CD4093 四 2 输入端施密特触发器 NSC/MOT/ST

CD4094 8 位移位存储总线寄存器 NSC/TI/PHI

CD4095 3 输入端 J-K 触发器

CD4096 3 输入端 J-K 触发器

CD4097 双路八选一模拟开关

CD4098 双单稳态触发器 NSC/MOT/TI

CD4099 8 位可寻址锁存器 NSC/MOT/ST

CD40100 32 位左/右移位寄存器

CD40101 9 位奇偶校验器

CD40102 8 位可预置同步 BCD 减法计数器

CD40103 8 位可预置同步二进制减法计数器

CD40104 4 位双向移位寄存器

CD40105 先入先出 FI-FD 寄存器

CD40106 六施密特触发器 NSC\\TI

CD40107 双 2 输入端与非缓冲/驱动器 HAR\\TI

CD40108 4 字× 4 位多通道寄存器

CD40109 四低-高电平位移器

CD40110 十进制加/减,计数,锁存,译码驱动 ST

CD40147 10-4 线编码器 NSC\\MOT

CD40160 可预置 BCD 加计数器 NSC\\MOT

CD40161 可预置 4 位二进制加计数器 NSC\\MOT

CD40162 BCD 加法计数器 NSC\\MOT

CD40163 4 位二进制同步计数器 NSC\\MOT

CD40174 六锁存 D 型触发器 NSC\\TI\\MOT

CD40175 四 D 型触发器 NSC\\TI\\MOT

CD40181 4 位算术逻辑单元/函数发生器

CD40182 超前位发生器

CD40192 可预置 BCD 加/减计数器(双时钟) NSC\\TI

CD40193 可预置 4 位二进制加/减计数器 NSC\\TI

CD40194 4 位并入/串入-并出/串出移位寄存 NSC\\MOT

CD40195 4 位并入/串入-并出/串出移位寄存 NSC\\MOT

CD40208 4×4 多端口寄存器

CD45014 输入端双与门及 2 输入端或非门

CD4502 可选通三态输出六反相/缓冲器

CD4503 六同相三态缓冲器

CD4504 六电压转换器

CD4506 双二组 2 输入可扩展或非门

CD4508 双 4 位锁存 D 型触发器

CD4510 可预置 BCD 码加/减计数器

CD4511 BCD 锁存,7 段译码,驱动器

CD4512 八路数据选择器

CD4513 BCD 锁存,7 段译码,驱动器(消隐)

CD4514 4 位锁存,4 线-16 线译码器

CD4515 4 位锁存,4 线-16 线译码器

CD4516 可预置 4 位二进制加/减计数器

CD4517 双 64 位静态移位寄存器

CD4518 双 BCD 同步加计数器

CD4519 四位与或选择器

4.9.3.3　其他系列

LM158 双单电源通用运算放大器。

LM318 运算放大器。

LM324 带有真差动输入的四运算放大器。

LM337 比较常见的降压型线性稳压器。

LM339 芯片内部装有四个独立的电压比较器,是很常见的集成电路。利用 LM339 可以方便地组成各种电压比较器电路和振荡器电路。

LM358 内部包括有两个独立的、高增益、内部频率补偿的双运算放大器。

LM393 由两个偏移电压指标低达 2.0 的独立精密电压比较器构成。

LM741 单运放,是高增益运算放大器。

8031 单片机。

8155 带 RAM 和定时器/计数器的可编程并行接口芯片。

2764 可擦除存储芯片,分为电擦除和紫外线擦除两种,电擦除的可以用专用的编程器进行读写操作。

CTM8251 是一款带隔离的通用 CAN 收发器模块,模块的主要功能是将 CAN 控制器的逻辑电平转换为 CAN 总线的差分电平并且具有 DC 2500 V 的隔离功能。

MAX813L 是美国 MAXIM 公司生产的微处理器专用监控器,具有"看门狗"、电压检测和上电复位等功能,可提高系统的可靠性和准确性。

MAX232 产品是由德州仪器公司(TI)推出的一款兼容 RS232 标准的芯片。该器件包含 2 驱动器、2 接收器和一个电压发生器电路。主要用于微处理器和 PC 之间通信的电平转换。

ADC0809 是 8 路 8 位 A/D 转换器,即分辨率 8 位。

DAC0832 是 8 分辨率的 D/A 转换集成芯片。与微处理器完全兼容。D/A 转换器由 8 位输入锁存器、8 位 DAC 寄存器、8 位 D/A 转换电路及转换控制电路构成。

GAL16 V8 时钟—同步控制。

NE555 是属于 555 系列的计时 IC 的其中的一种型号。

CD4066 是一种四路电子开关集成电路。

MC4066 是制式转换开关。

CA741 是运算放大器。

AD574A 是一种高性能的 12 位逐次逼近式 A/D 转换器,由 12 位 A/D 转换器,控制逻辑,三态输出锁存缓冲器,10 V 基准电压源四部分构成。

AD8251 是具有数字式可编程增益的仪表放大器,拥有 GΩ 级输入阻抗、低输出噪声和低失真等特性。

AD811 高性能视频运放。

4.10　应急演练

(1)基测过程中突然停电,UPS 电源只能维持 20 min。值班员该如何处置?

答:首先通知保障人员进行备用电源发电,然后继续做基测等放球前准备工作。

(2)雷达开机后,自动增益显示 250。值班员该如何处置?

答:首先更换探空通道板(11-1),然后更换中频通道盒,若故障依然存在就通知保障人员进行维修,同时开始准备经纬仪并开启应急接收机准备应急观测。

(3)在观测过程中,计算机突然死机。值班员该如何处置?

答:在观测过程中,如果计算机突然死机,可以将计算机重启,然后打开放球软件,在弹出的是否继续观测对话框内点击"是",软件就会继续接收探空数据,以前的数据不会丢失。但重新启动计算机时,雷达不能关机,继续跟踪探空仪。

(4)雷达突发故障,暂时无法修复。值班员该如何处置?

答:分以下几种情况:一是刚开机就发现雷达故障,经维修暂时无法修复,值班员应该及时架设并调试好经纬仪,同时开启应急接收机准备应急观测,并及时通知保障人员维修雷达;二是放球后气压没有过 500 hPa 时雷达突发故障,经过更换电路板还无法排除故障,值班员就应该及时架设并调试好经纬仪,同时开启应急接收机,准备重放球并应急观测,同时通知保障人员维修雷达;三是气压超过 500 hPa 时雷达突发故障,经过更换电路板还无法排除故障,值班员可以停止观测,发报。同时通知保障人员维修雷达。

(5)发报时发现网络不通。值班员该如何处置?

答:分以下步骤进行:一是检查网络不通原因,争取及时修复;二是连通备份网络发报;三是利用互联网或手机热点发报;四是拷贝报文,送到最近的有网络的地方发送报文。

4.11 雷达大修

L 波段探空雷达运行 8 年,依据《GFE(L)1 型二次测风雷达大修标准》(气测函〔2010〕80号)要求,大修实施方案为:为指导和规范 L 波段探空雷达大修工作,根据中国气象局有关规定,同时结合 L 波段探空雷达大修实际,特制定本方案。

(1)总体要求

针对原雷达存在的不足,按照最后一批生产的雷达技术状态锁定,雷达大修后其技术指标、工作性能应达到新雷达出厂性能指标要求,确保大修后的雷达能达到规定的运行年限。

(2)职责分工

各省(区、市)气象局负责组织做好雷达替换前台站的各项准备工作;制定雷达替换期间的探空应急备份措施,确保替换期间探空业务正常开展;协助做好大修雷达的现场安装、调试、标定等工作;负责大修雷达的拆收及返厂运输等;组织做好大修雷达的现场安装验收等。

中国气象局上海物管处负责雷达大修全程跟踪管理、组织协调及技术指导工作;负责雷达大修期间的质量监督和出厂测试;组织做好大修雷达的拆收、运输、安装、调试、标定及现场测试工作;配合各省(区、市)气象局做好现场安装验收工作。

雷达生产厂家负责大修雷达的出厂运输、安装、调试和标定等工作,协助用户单位做好大修雷达现场拆收、测试等工作,并按照大修合同要求做好其他有关工作。

(3)大修流程

以上一批返厂大修的雷达作为周转雷达,替换台站待大修的雷达,台站待大修的雷达返厂大修,并作为下一批周转雷达。

① 台站准备工作

在雷达大修准备期间,对雷达天线基座、避雷针、电缆管线、值班室等进行相应的整修和检测,确保各项准备工作符合雷达安装要求。

对于站址搬迁的台站,须根据《新一代高空气象探测系统建设指南》等有关规定,做好配套基础设施建设。

② 雷达的替换

雷达生产厂家到现场进行大修雷达拆收和安装,在此期间,台站确保备份探空系统处于热备份状态。

雷达替换后,对雷达进行现场安装验收,确保雷达各项性能指标合格,雷达软硬件工作正常。

(4)质量监督及验收测试

① 大修过程中的质量监督

在雷达返厂大修期间,中国气象局上海物管处派员驻厂,参加雷达生产厂家质检部门对雷达重要件和关键件的翻新、修理、检测,对更换的重要外购件和外协件进行验收,及时了解雷达的大修进度,按要求及时上报。雷达大修项目明细见表 4.64。

表 4.64 雷达大修项目明细

室内部分	主控箱	结构部分	主控箱、电源箱、中频通道盒外壳及插箱重新表面处理,紧固件更换
		电讯部分	更换大底板、11-1~11-8 单板、中频通道盒单板、显示板、开关电源、风扇、线扎、电缆、接插件
	驱动箱	结构部分	驱动箱、24V 电源外壳重新表面处理。紧固件更换
		电讯部分	更换 24V 电源板、显示板、固态继电器、所有线扎、接插件
天线装置部分	天线座	结构部分	天线座外壳、盖板、天线撑脚、发射机架重新表面处理,天线大轴、齿轮箱、千斤顶等拆洗重新装配,刷架增加触点,弹片联轴器,所有紧固件、密封件更换
		电讯部分	所有线扎、接插件、大发射机主板更换
	主杆	结构部分	加维修窗口、表面处理
		电讯部分	所有电缆、接插件更换
	天线头	结构部分	天线头外壳表面处理。齿轮箱拆卸、清洗、重新装配。密封件、紧固件更换
		电讯部分	所有电缆、接插件更换
	和差箱	结构部分	和差箱、前置高放外壳、和差环、调相器表面处理,重新装配,密封件、紧固件更换
		电讯部分	电缆、线扎、接插件更换。前置高放单板更换
	近程发射机箱	结构部分	机箱、近程发射机外壳表面处理,密封件、紧固件更换
		电讯部分	近程发射机主板、电缆、接插件更换
	摄像机	结构部分	摄像机外壳表面处理。密封件、紧固件更换
		电讯部分	分体摄像机全部更换。一体化摄像机视情更换。线扎、接插件更换
	桁架	结构部分	桁架、抛物面天线、馈源、小发射机天线表面处理。桁架重新拆装,校准
		电讯部分	馈源、小发射机天线测试指标,如不合要求更换。小组馈线更换
电缆及其他部分			室内外连接电缆全部更换,计算机、UPS、打印机全部更换,驱动电机、同步电机、驱动模块、轴角转换模块、环形器、限幅器、隔离器等重新检测,如正常,继续使用

② 出厂测试

雷达在雷达生产厂家质检部门验收合格并办理相关手续后,由中国气象局上海物管处组织大修雷达的出厂测试验收。根据验收方与工厂签订的雷达大修合同、《GFE(L)1 型二次测风雷达大修标准》和《GFE(L)1 型二次测风雷达产品验收规范》等要求,对每一台雷达的性能及技术指标进行检查、测试及动态放球试验,并提交雷达出厂验收测试报告。

③ 现场测试及验收

雷达生产厂家将出厂验收合格的雷达运抵台站,在对设备进行现场安装、调试、标定后,中国气象局上海物管处负责组织开展现场测试,并向各省(区、市)气象局提交现场测试报告。根据现场测试情况,各省(区、市)气象局负责组织开展现场验收等。

(5)经费安排

雷达大修经费为56.4万元/部。其中根据职责分工:

台站大修雷达返厂运输、配套土建整修、现场验收等费用:6.4万元。

雷达大修全程跟踪管理,大修期间的质量监督、出厂测试和现场安装调试等费用:5万元。

雷达大修、出厂运输等费用:45万元。

(6)实施进度

根据周转雷达数量,每年雷达大修一般分上半年和下半年2批进行。具体时间由中国气象局上海物管处与各省(区、市)气象局协商确定。

第2部分

高空气象观测附属设备工作
原理及操作方法

第5章 探空数据接收机

L 波段探空数据接收机(俗称"应急接收机")采用定向天线接收探空信号,结合光学经纬仪测风,完成二次测风雷达的探测功能。应急接收机探空数据的接收和处理与 L 波段探空雷达相同。

5.1 应急接收机的组成

应急接收机由天线装置、室内分机两部分组成,室内、室外(图 5.1)由 30 m 电缆相连。

室内分机的背面板从左至右分别为中频输入插座(XS7)、控制信号插座(XS2)、串口通信插座(XS3)、同步脉冲输入插座(XS4)、探空码输出插座(XS6)、视频信号输出插座(XS5)、交流电源输入插座(XS1)(图 5.2 和图 5.3)。

图 5.1　应急接收机室外天线部分

图 5.2　室内分机前面板

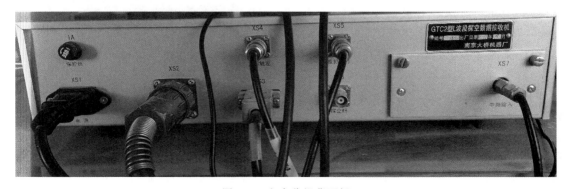

图 5.3　室内分机背面板

首先将室内分机的通信串口与计算机串口连接,其次将天线装置的两根电缆分别与室内分机的中频输入插座(XS7)和控制信号插座(XS2)连接好,最后将室内分机的视频信号接至示波器上,以便观察信号的调整。

另外,同步脉冲输入插座的用途是将雷达的主波抑制触发脉冲引入接收机,在雷达和应急接收机同时工作时消除雷达发射机对应急接收机的影响。

视频信号输出插座在工作时接至示波器,观察探空仪的 800 kHz 的波形,以判断天线是否对准探空仪或应急接收机的频率是否调准。

5.2　应急接收机的调整

室内分机的前面板设有一显示屏用来指示接收信号的强弱,面板右边的 4 个按键开关分别用来调整天线上、下、左、右的转动,每个开关上都装有 1 个红色发光管,当红色发光管点亮时表示天线在该方向上已经限位(图 5.4)。

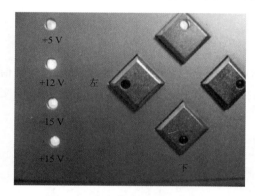

图 5.4　应急接收机按键示意图

放球前应对接收信号进行调整,保证接收机处于最佳工作状态,调整顺序如下:

(1)将探空仪通电,置于合适的位置(探空仪天线周围无金属体)。

(2)将系统接收软件界面上的"频率手/自动"按钮置手动状态,点击频率调整按钮,将信号调整为幅度最大。

(3)在完成频率调整后,将"增益手/自动"按钮置为"自动"状态,此时在系统接收软件界面的左下角处的"气象脉冲指示"框中应有脉冲波形行进,表示探空码已被正常接收。

(4)如果上述调整和检查均正常,表明应急接收机工作正常。

5.3　室内分机的基本原理

(1)应急接收机室内分机由 2 个开关电源、中频通道盒、探空通道板和终端板组成(图 5.5)。

(2)开关电源提供+5 V、±15 V 和+12 V 电源。

(3)中频通道盒与 L 波段探空雷达使用的完全一样,信号一路经检波放大,产生 AGC 信号,另一路经鉴频电路,产生 AFC 电压。

(4)探空通道板除具备 L 波段探空雷达 11-1 板的功能之外,还产生天线方位和俯仰的角度电压,送到终端板。

(5)终端板用来与计算机进行通信,完成增益和频率的手动/自动控制、译码及信号强度和天线角度显示。

图 5.5　应急接收机室内分机内部示意图

5.4　天线装置的组成和基本功能

天线装置由天线、天线座和三角架组成。

(1)天线由 4 根八木振子、小组馈线和 1 个功率合成器组成。

（2）天线座包括方位俯仰转动机构、角度指示器件和高频组件。其中,高频组件和 L 波段探空雷达使用的完全一样,实现对高频信号的放大、混频、前中等功能。经前中放大后的 30 MHz 中频信号经 30 m 电缆送到室内分机的中频通道盒。

5.5 主要技术指标

应急接收机主要技术指标见表 5.1.

表 5.1 应急接收机主要技术指标

天线分系统	工作频率	(1675±6) MHz
	波束宽度	垂直波束≤12° 水平波束≤20°
	副瓣电平	≤−7 dB
	驻波系数	≤1.5
	馈线损耗	≤2 dB
接收分系统	工作频率范围	(1675±6) MHz 或(1676.5±6) MHz
	灵敏度	≤−107 dBm
	带宽	(2.7±0.5) MHz
	系统增益	≥100 dB
	中频频率	(30±0.3) MHz
	AGC 控制能力	≥70 dB
天控分系统	方位范围	0°～360°
	俯仰范围	2°～85°
	方位转速	≥8°/s
	俯仰转速	≥4°/s

5.6 功能检查

（1）天线驱动及角度指示检查

按下分机面板的上、下、左、右按钮,天线应能随之转动,角度指示相应变化。方位在 0°～360°变化,俯仰在 2°～90°变化,方位实际转动角度约 400°,方位和俯仰角度限位后,天线停止转动,相应按键红色指示灯亮。

（2）接收信号检查

将探空仪加电,调节频率和天线角度,屏幕上信号强度指示应能达到 255,译码正常。放球后跟踪探空仪,随时调节天线角度和频率,保证接收信号最佳。与 L 波段探空雷达同时工作时,为避免大发射机对应急接收机造成干扰,需将雷达的主波抑制信号接到应急接收机的同步脉冲输入插座(XS4),否则增益只能置手动并调至最大。

（3）方位、仰角显示检查和调整(图 5.6 和图 5.7)

由于应急接收机方位或仰角显示电位器经常损坏,造成方位或仰角显示跳变,重新更换电位器后需要调整方位或仰角显示数值。调试方法如下:

将天线摇到仰角和方位均为 0°(目测),用万用表直流挡测 D13(LM358)第一脚,调整 RP16 电位器,使万用表测试值为 0.0 V,同时观察放球软件界面仰角显示为 0°,再测 D13 第七脚,调整 RP18 电位器,使万用表测试值为 0.0 V,此时方位显示应为 0°;再将天线摇到 90°和 360°,测 D13 第一脚,调整 RP17 电位器,使万用表测试值为 5.0 V,此时仰角显示应为 89°;再测 D13 第七脚,调整 RP19 电位器,使万用表测试值为 5.0 V,方位显示应为 359°。至此,应急接收机方位或仰角显示调整完成。

图 5.6　应急接收机方位和仰角显示调整部分电路

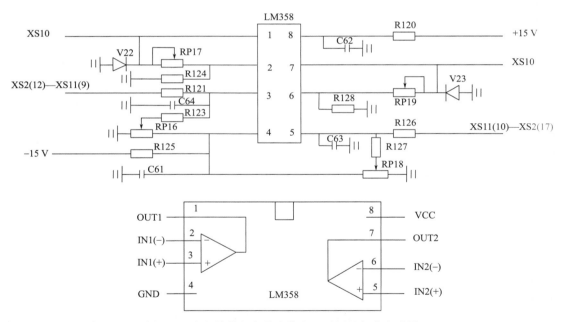

图 5.7　应急接收机方位和仰角显示调整部分电路图

第 6 章 基测箱

6.1 概述

电子探空仪基测箱作为电子探空仪施放的标准设备,用于常规业务观测中 L 波段雷达探空系统和卫星导航探空系统电子探空仪的地面基值测定,以确定探空仪是否符合施放要求,给出其温度、气压和湿度测量的基测误差值。

基测箱可以在自然温度条件下对电子探空仪的温度、气压和湿度进行基值测定,并可以通过饱和盐溶液和分子筛产生各种湿度条件。

6.2 JKZ1-1 型基测箱

JKZ1-1 型基测箱实物图见图 6.1。

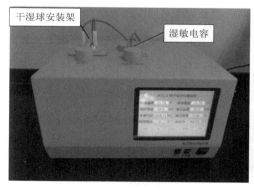

图 6.1 基测箱实物图

6.2.1 产品主要功能

(1)腔体内具有稳定的测试区环境,测量显示测试区温度、相对湿度、零点湿度、大气压力及计算露点值;

(2)测试室内使用多种饱和盐溶液产生 13%RH、33%RH、55%RH、75%RH、95%RH 等湿度环境,满足湿度传感器多点测试;

(3)具有湿度零点检测室,使用高效分子筛吸湿剂,快速达到 0%RH 的湿度条件,并具有湿度零点环境温湿度测量功能;

(4)湿球温度传感器安装有水盒和吸水纱套,可自动上水,也可方便地更换湿球纱套和添加蒸馏水;

(5)网络或串口、有线或无线的方式向上位机输出基测箱的标准测量值以及进行本地站点号、校准日期等相关参数设置;

(6)显示屏数字可调(直流 0 V 至 ±15 V)电源电压输出为探空仪供电及测量显示探空仪

工作电流,满足通用探空仪供电要求;

(7)具有为注水镁电池赋能,0～40 V 电池电压测量显示功能;

(8)智能显示屏触摸交互对基测箱干球温度、湿球温度、湿度参数、气压显示值进行修正(有密码权限)。

6.2.2 组成与结构

图 6.2 为新型基测箱产品组成示意图。

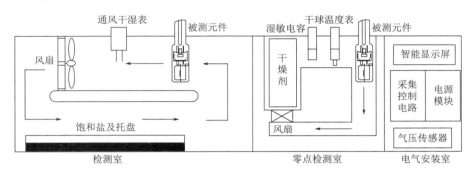

图 6.2 产品组成示意图

(1)通风干湿表

温度标准器选用的 PT100 铂热电阻(精度等级 1/6 B 级(±0.05 ℃))配对组成干湿球温度传感器,并采用四线制测量法消除导线的电阻带来的测量误差(图 6.3)。

(2)气压传感器

采用 VAISALA 的 PTB210,PTB210 是完全补偿的数字气压传感器,具有较高的工作温度和气压测量范围,具有优异的滞后性和重复性及温度特性、长期稳定性(图 6.4)。

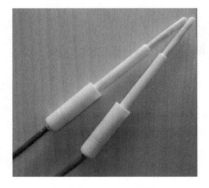

图 6.3 通风干湿表

图 6.4 气压传感器

(3)湿敏电容传感器

湿度零点检测采用 EE-08 高精度温湿度传感器,敏感元件是 HC101,工作范围 0～100%RH,在 0±2%RH 湿度点进行校准后用于湿度零点的检测(图 6.5)。

(4)采集控制电路

数据采集控制电路(图 6.6)由高性能 stm32 微处理器、AD 转换电路、通风干湿表的通道选择电路、可编程电压输出电路、探空仪工作电流检测电路以及其他接口电路等组成。

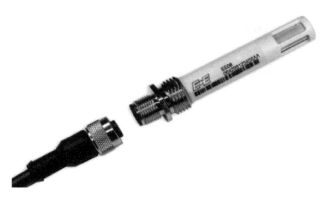

图 6.5　湿敏电容传感器

图 6.6　采集控制电路板

（5）智能显示终端

智能显示终端（图 6.7）采用 8 寸可编程
智能 TFTLCD，可显示电子探空仪基测箱检
测室内的干球温度、湿球温度、露点温度、湿
度值以及标准气压值和探空仪电池赋能时的
电池电压测量值。也可与基测箱交互，输入
修改传感器校准参数、基测箱编号日期等
参数。

（6）无线通信模块

无 线 通 信 模 块（图 6.8）采 用 USR-
WIFI232-610 串口网络服务器，具有串口转

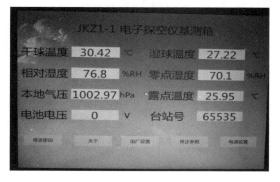

图 6.7　智能显示终端

WIFI 功能，能够将 RS-232 串口转换成 TCP/IP 网络接口，实现 RS-232 串口与 WIFI/有线网
络的数据双向透明传输。

基测箱初始设置为 TCPServer 模式，IP 地址 10.10.100.254，端口 8899。网络参数可使
用软件修改。

通过专用软件可在计算机读取基测箱的干球温度、湿球温度、露点及湿度和室内的气压示
值、设备编号、生产校准日期和站点编号等。

（7）整机结构

基测箱整机结构（图 6.9）主要分为检测室、湿度零点检测室、采集控制单元，均安装于基

图 6.8　无线通信模块

测箱内部,呈模块化方式安装。总电源开关、检测室风扇开关和湿度零点检测室风扇开关位于基测箱正面右下方。

（8）干湿球安装架

干湿球安装架（图 6.10）设计为分离部件,可以解锁后从测试腔中取出,方便储水管加水操作,储水容器安装于通风干湿表湿球纱套下方,储水管开口处正对湿球纱套,纱套延长吸水段可垂直伸入储水管中,加水操作可将干湿表安装架从基测箱检测室内取出后采用针筒注射方式向储水容器内注水。

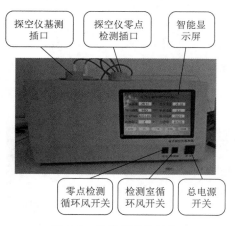

图 6.9　基测箱整体结构

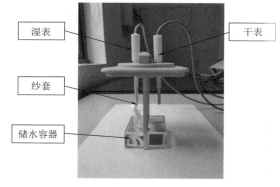

图 6.10　干湿球安装架

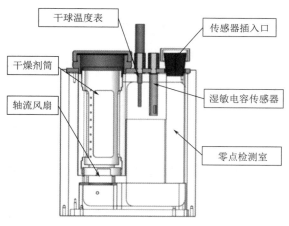

图 6.11　湿度零点检测室

（9）湿度零点检测室

湿度零点检测室（图 6.11）采用分子筛干燥剂为吸湿材料控制产生 0%RH 湿度环境,用于探空仪湿度元件的零点校准。

探空仪温湿度支架从检测器上部插入零点检测器检测室内,并有通过干燥剂和被测元件的气流循环,同时在零点检测室内安装有高精度湿敏电容传感器用于零点湿度环境检测,零点检测室检测区留有干球温度表安装位置,可将检测室的干球温度表棒插入其中用于测量零点环境温度。

6.2.3 主要技术指标

JKZ1-1 型电子探空仪基测箱主要技术指标见表 6.1 至表 6.3。

表 6.1 JKZ1-1 型电子探空仪基测箱主要技术指标（1）

	测量范围	分辨率	最大允许误差	年漂移量
温度	0～40 ℃	0.01 ℃	±0.1 ℃	≤0.1 ℃
湿度	0～95%RH	0.1%RH	±2%RH	≤2%RH
气压	450～1060 hPa	0.01 hPa	±0.3 hPa	≤0.3 hPa

表 6.2 JKZ1-1 型电子探空仪基测箱主要技术指标（2）

	稳定性	均匀性
测试区温度场	≤±0.1 ℃/min	≤0.1 ℃
测试区湿度场	≤±0.2%RH/min	≤1%RH

表 6.3 JKZ1-1 型电子探空仪基测箱主要技术指标（3）

项目	指标
输出电压	输出电压：−15～+15 V　调节分辨率：0.5 V　输出电压误差：≤0.5 V
外形尺寸	42 cm×36 cm×37 cm（长×宽×高）
测量探空仪工作电流	测量范围：(0±500)mA　分辨率：1 mA
质量	18 kg

6.2.4 工作原理

JKZ1-1 型电子探空仪基测箱工作原理见图 6.12。

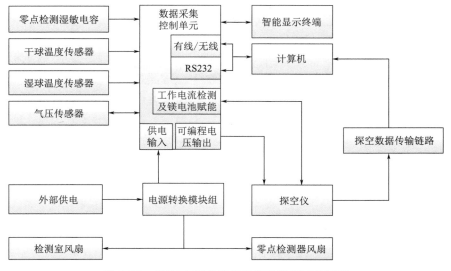

图 6.12 JKZ1-1 型电子探空仪基测箱工作原理

6.2.5 使用方法

(1)初次使用安装

在干湿球安装架上按干湿球传感器标识插入干湿球表棒,干湿球表棒接入背面的干湿球航插座;在干湿球安装架的湿球表棒安装纱套并加水后将安装架装入基测箱;在零点检测室上安装湿敏电容传感器,并接入背面的湿度航插座;将供电输出电缆以及电池赋能测电压电缆接入背面航插;插入220 V电源线,基测箱即可开机。

(2)基测箱基测操作流程

基测箱基测操作流程见图6.13。

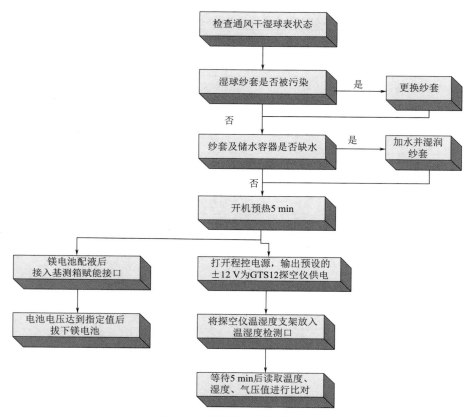

图 6.13　基测箱基测操作流程

为确保湿度测量精度,建议纱套更换周期为1个月或发现纱套变色变硬即更换。注意水质,尽量采用纯净水。

(3)基测操作流程(上位机)

① 打开数据处理软件;

② 设置本站参数;

③ 设置完本站参数后勾选 GTS12 探空仪(图6.14);

④ 打开探空接收软件;

⑤ 打开雷达自动增益,调整频率;

⑥ 调整雷达方位、仰角;

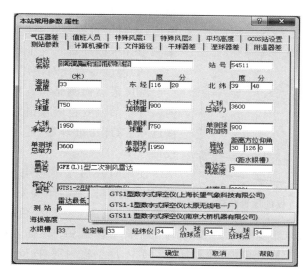

图 6.14　本站常用参数属性界面

⑦ 读取探空仪号码,核对是否与基测探空仪号码一致;

⑧ 读入参数文件;

⑨ 稳定 3 min 后开始基测;

⑩ 输入基测箱温度、湿度、本地气压标准值;

⑪ 显示基测合格,完成基测;

⑫ 输入瞬间值等信息,等待放球(图 6.15)。

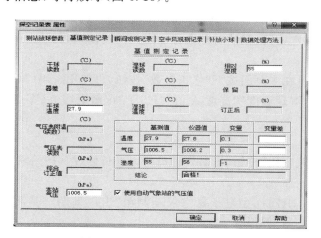

图 6.15　探空记录表属性界面

(4)探空仪温度、湿度基测方法

将湿球纱套安装完成且基测箱正常开启以后,将探空仪用基测箱的供电输出电缆接通电源,探空仪温湿度传感器支架嵌入密封橡胶开口内后通过插入口放入检测室内,待稳定后(约 5 min)即可读取检测探空仪的温湿度并与基测箱检测室内的温湿度进行比对(图 6.16)。

(5)探空仪气压基测方法

数字气压传感器标准器安装在电气控制箱内,测量的是当时当地的外界大气压值,当基测

干球剂存放筒

干球插入口

图 6.16　基测时探空仪的放置状态

箱开启后智能显示屏上显示气压标准器输出的气压值,此时可将探空仪通电后读取探空仪气压值与基测箱气压标准器的气压值进行比对。

(6)湿度零点比对使用方法

湿度零点检测是指在湿度零点检测器检测室内以分子筛或变色吸湿硅胶为吸湿材料控制产生接近 0%RH 湿度环境,用于探空仪湿度传感器的校准。

使用时开启基测箱电源,开启零点检测室开关,旋开零点检测器干燥室干燥筒密封盖,将干燥筒取出,装满深蓝色的变色硅胶干燥剂或分子筛干燥剂后将干燥剂网兜放入干燥室内,旋紧密封口。将干球温度表棒插入接口处,将探空仪温湿度传感器支架嵌入密封橡胶开口内,通过插入口放入零点检测室内,待 5～10 min 干燥稳定后即可进行探空仪湿度传感器零点比对。湿敏电容及干球温度表读数在智能显示屏上显示。可与探空仪传感器测量值进行温湿度比对。

(7)智能显示终端

智能显示终端可显示电子探空仪基测箱检测室内的干球温度、湿球温度、露点温度、湿度值以及标准气压值和探空仪电池赋能时的电池电压测量值。也可与基测箱交互,输入修改传感器校准参数、基测箱编号日期等参数。

(8)电源设置

在主页面触摸点击"电源设置"按钮,进入电源设置分页面;可将输出正负电压设置为探空仪供电,以及显示测得的探空仪工作电流。点击"电源输出(关)"关闭输出电源,切断供电电路。电源不再对外设供电,开机默认对外电源输出是关闭模式,起到保护作用。

(9)传感器校准

在传感器校准时,可在主页面按下"修正参数"按钮,可使用密码(默认:12345)进入修正参数页面,对"干球温度""湿球温度""湿度 A 值""气压""湿敏电容值(零点湿度)""校准日期"进行修改。

(10)修改密码

在主页面按下"修改密码"按钮,可对管理员密码进行修改。初始默认密码为"12345"。

(11)"关于"

"关于"子页面显示 JKZ1-1 型电子探空仪基测箱"出厂日期""基测箱编号"和"台站号",可以在此页面修改"台站号"并保存。

(12)出厂设置

可在此页面设置出厂日期和基测箱编号,仅限制造商出厂时设置,点击"重置管理员密码"可重置密码为"12345"。

(13)外部接口(图 6.17)

基测箱外部接口布置与背板通过航空插座与外部线路相连接,分别为干球传感器接入、湿球传感器接入、湿敏电容传感器接入、探空仪改频设置输出、探空仪可编程电压供电输出、探空仪电池电压测量接入。

此外,还设置有气压标准器校准气嘴和有线网络/RS232 通信输出口和 USB 通信口。

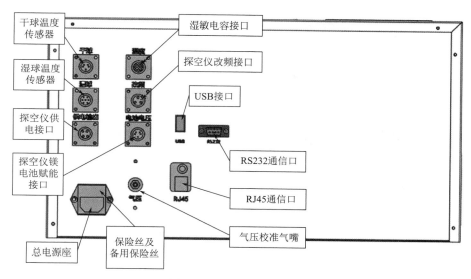

图 6.17 外部接口示意图

外接电缆线介绍：

① 探空仪供电采用标准三孔 220 V 交流电插座(配置 3 A,20×5 mm 保险丝,配备 1.5 m 电源线)。

② 探空仪供电接口为四芯 2.54 间距插座,线号定义为 1"输出＋电压"、2"输出＋电压"、3"GND"、4"输出－电压",配备供电输出电缆线 2 根。

③ 镁电池电压赋能接口为四芯 2.54 间距插座,线号定义为 1"电池电压＋"、4"电池电压－",配备镁电池电压赋能电缆线 1 根。

④ 数据输出接口为串口输出 RS232,配备 1.5 m RS232 通信线缆;有线网络输出 RJ45 口,配备 3 m 网线;同时具备无线网络通信,USB 数据通信配备 USB-A 双头 1 m 数据电缆线。

长望和太原的探空仪供电电缆是同一种,输出电压也一样;大桥厂的供电电缆电压是 ＋12 V,－10 V,可通过基测箱显示屏修改电压方法进行修改。基测箱开机默认是±12 V,长望和太原厂的探空仪只需将基测箱电源打开即可供电,大桥厂探空仪则需先修改电压再供电。基测箱会保存记忆,下次开机后无须再修改。

(14)镁电池赋能使用方法

① 镁电池(图 6.18)注电液

镁电池在使用前 1 h 拆封,并取出电池,在释放前约 30 min 将电池根据配方规定(5% 浓度 NaCl 溶液,水温 35 ℃)注入电液,电池浸入电液 3～5 min(时间切勿过长,否则影响使用效果)后取出滴去余水。注意切勿挤压水或用力甩水,否则电池内含水太少,影响使用时间。滴去余水后,放入保温盒内。

② 镁电池赋能

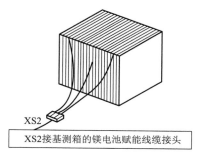

图 6.18 电池

将注水后的镁电池插头通过连接线与后面板的电池电压插座连接,智能转换屏上的电池电压值开始变化,基测箱相关电路安装有赋能电阻作为电池负载,观察基测箱上的电压指示,当电压上升到规定的电压值(18 V),取下电池插头,等待使用。也可用探空仪赋能,但需要用电压表同时测量正负两端的电压,当电压上升到 24 V 时,取下探空仪上的电池插头。

6.2.6 网络连接设置

(1)使用具有无线网卡的计算机连接基测箱网络(USR-W610-XXXX),无线连接距离 5 m,或使用网线连接基测箱与计算机。

(2)网络连接上后,打开 IE 浏览器,在网址框输入 https://10.10.100.254(基测箱初始设置 IP 地址),出现如图 6.19 所示的登录界面。

图 6.19　IE 浏览器界面

(3)输入账号和密码皆,为 admin。

(4)进入无线接入点设置,将原来局域网参数设置修改为需要的 IP 地址后确定(图 6.20)。例如,计算机主机 IP 地址为 192.168.2.×××,则将基测箱 IP 地址 10.10.100.254 修改为 192.168.2.15(注意:15 因与前面×××不同)。

图 6.20　无线接入点设置

(5)进入模块管理界面,点击重启模块(图 6.21)。

(6)见到重新启动界面后,关闭基测箱总电源 30 s 后开机(图 6.22)。

(7)用网线连接基测箱和计算机,将计算机本地 IP 地址改为 192.168.2.7,打开网络调试助手,将远程主机地址设为 192.168.2.15,端口号为 8899(图 6.23 和图 6.24)。打开接收即可收到基测箱数据。

图 6.21　重启模块

图 6.22　重新启动界面

图 6.23　设置 IP 地址

图 6.24　网络调试助手

6.2.7 注意事项

（1）设备使用时请核对供给电源（电压 220 V，输电线路承载电流不小于 3 A），并安全接地，务必使用良好接地的插座与之相配，不使用时请切断电源。

（2）对探空仪检测前，应开启基测箱电源开关预热 3～5 min 并确保湿球纱套安装完好且储水器内水量充分，纱套浸润充分。

（3）湿球纱套及自动上水装置请正确安装，若发现纱套与湿球温度传感器之间有气泡，应重新安装。湿球纱套使用长久变色变硬后吸水性能会降低，应及时更换。

（4）如基测箱通电后无法开机，请查看是否因为电源保险丝断开，如是请更换保险丝。

（5）使用基测箱进行检测和零点检测时请检查通风轴流风机是否运转正常，如风机停转或工作异常（异响、杂声等）会影响湿度测定的准确性。

（6）在室内外湿度环境差别较大时为保证检测室内测量环境稳定，使用时可在检测室饱和盐托盘内放置 100 g 35％稀释饱和盐（氯化镁）或 75％稀释饱和盐（氯化钠）。

（7）基测箱定期校准，校准周期为 1 年。校准时可通过密码（初始密码为 12345）登录智能显示屏参数修正界面对基测箱地面气压、干球温度、湿球温度、湿度等测量基准值进行修正，修正后可重新设置校准日期（仅限于工厂或每年计量时设置和修改，不可随意修改）。

6.3 GRZ2012-Ⅱ型基测箱

6.3.1 结构

基测箱由箱体、气压传感器、温湿检测室、通风干湿表、饱和盐托盘、探空仪传感器插口、零点检测室、测量和显示电路组成。

基测箱箱体采用金属材料，表面通过喷漆处理，箱体内气流循环采用上下回流式风洞原理。上层安置标准通风干湿表和被检温度、湿度测量元件，被检测量元件在通风干湿表的上风方向，以保证湿球蒸发的水汽不致直接吹到被检探空仪的湿度元件上。

温湿检测室对外采取了严格的密封和保温措施以确保测试区域温度、湿度的稳定性和均匀性。

基测箱的正面装有显示屏和旋钮，分别用于标准器数据的显示和输出电压调整。

基测箱左侧面有探空仪传感器插口等，后面有电源插座、RS232 接口、USB 接口、网络接口、铂电阻标准器接口、探空仪供电接口和气压传感器进气口。

基测箱的整体外观结构如图 6.25 所示。

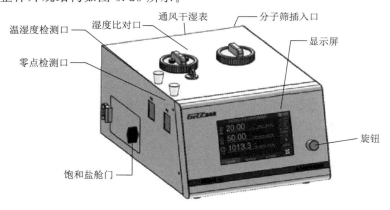

图 6.25 基测箱外观结构

（1）标准器

基测箱采用通风干湿表作为温度和湿度的标准器，用干球温度提供温度标准值；用干球温度、湿球温度和气压值计算的相对湿度，提供湿度标准值；气压传感器采用硅压阻传感器，除提供通风干湿表湿度计算所用的气压值外，同时提供气压标准值。

① 通风干湿表

通风干湿表是根据水分蒸发吸热原理制作的，采用两只相同的铂电阻分别作为干球和湿球温度测量传感器，其结构组成如图 6.26 所示。

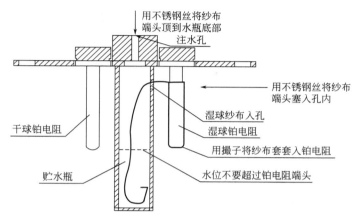

图 6.26　铂电阻通风干湿表结构原理

干球和湿球铂电阻测量元件置于贮水瓶的两边并一起固定在金属板上。两个铂电阻温度测量元件垂直于基测箱气流方向，所需通风由基测箱提供，通过结构设计和调整使干球和湿球温度测量元件周围的通风速度稳定在(3.2±0.5)m/s。

在被测湿度小于100%RH的环境条件下，湿球纱布上的水分蒸发吸收热量，该热量与空气中的水汽压平衡使湿球温度保持在一个恒定的值，湿球温度随被测空气的温度、压力和水汽压变化，根据干球铂电阻、湿球铂电阻和大气压值可以计算出温湿检测室内的实际相对湿度。

固定在塑料板上的通风干湿表通过上面板的安装孔插入箱体内并固定至基测箱箱体内的稳定气流中。干球和湿球温度测量元件由扁形塑料盛水容器隔离，以防止干球和湿球温度的辐射传输。

② 气压标准器

气压标准器采用北京国瑞智新技术有限公司生产的压力传感器，最大允许误差达到±0.3 hPa。为了提供准确的压力标准，气压传感器除要进行严格的工艺老化以外，还要对压力传感器本身的温度进行测量，以修正其温度影响误差。

③ 温湿检测室内部结构

温湿检测室内部结构如图 6.27 所示，包括通风干湿表、风扇、饱和盐托盘等。

温湿检测室气流通道分上下两层，通风干湿表安装在上层，其干球、湿球温度测量元件放在被检探空仪测量元件的下风方向并与探空仪温湿测量元件同高。

下层放置饱和盐托盘，通过风扇吸入上层气体再吹向下层的饱和器托盘，从而在上下层之间形成闭合的循环气流，从而把下层由饱和盐溶液控制的温度和湿度恒定的空气吹向上层，回流式风洞结构设计保证了检测室气流的均匀、稳定。可调电压的风扇保证了吹过通风干湿表的风速为(3.2±0.5)m/s。温湿检测室风道结构原理图如图 6.28 所示。

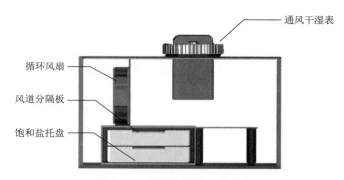

图 6.27　温湿检测室内部结构

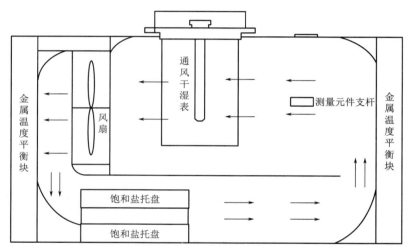

图 6.28　温湿检测室风道结构原理图

　　为了减小检测室的温升,在检测室通风道外侧四周安装了温度平衡块。由于金属导热速度快,在检测室腔内产生温升时,温度平衡块可以将热量传导到检测室外以减小温度上升速度,使检测室有一个稳定的温度场,以避免湿度场不稳定,同时还可以减小标准湿度的测量误差。

　　饱和盐托盘为活动部件,可以取出,按需要放入不同的饱和盐,以产生不同的湿度检测条件。针对探空仪校准的要求,基测箱配备 3 种饱和盐,用于分别产生 13％RH、33％RH 和 75％RH 的湿度场条件。探空仪的 0％RH 点的校准采用本设备配备的零点检测室,用分子筛控制湿度;90％RH 以上的校准可直接采用蒸馏水。

　　(2)基测箱外部接口

　　基测箱的后面板外部如图 6.29 所示。其中 RS-232 接口、网络接口和 USB 接口用于连接计算机进行数据传输和显示;气压传感器的进气口用于感应大气压力,在对气压传感器计量检定时可连接在标准气压系统中;电源接口用于连接 220 V 交流供电电源;探空仪插座能够输出 DC－15 V～＋15 V 电压给被检探空仪提供电源,同时可以与探空仪传感器进行通信;标准器插座用于插接铂电阻温度传感器,使用前需将其插接牢靠。

　　(3)零点检测室

　　零点检测室为内循环密封结构,如图 6.30 所示。其中的分子筛在离心风扇向下气流的作

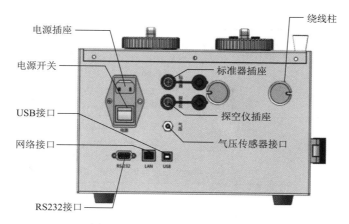

图 6.29 基测箱后面板外部结构

用下吸收水分使通过分子筛的空气干燥,以形成近于 0%RH 的湿度环境条件,风扇再把干燥空气通过风道吹入分子筛,反复通过分子筛吸收水分后,风道内的湿度达到近 0%RH。

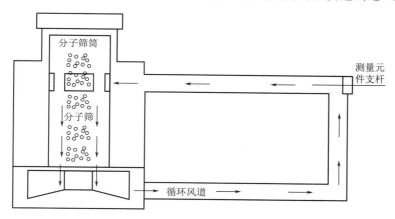

图 6.30 零点检测室内部结构

(4)使用条件

① 占位面积

基测箱左侧测试架宽度应预留 46 cm,基测箱尺寸 44 cm(长)×32 cm(宽),所以基测箱正常使用至少需要面积为 $44×(32+46)=3432$ cm^2。

② 输入电源

基测箱要求输入电源交流 $220×(1±10\%)$V,频率 $50×(1±5\%)$Hz。

6.3.2 主要技术指标

基测箱主要技术指标见表 6.4。

表 6.4 基测箱主要技术指标

项目	指标
温度	测量范围:0~40 ℃; 分辨率:0.01 ℃; 最大允许误差:±0.1 ℃; 温度标准器年漂移量:≤0.1 ℃

项目	指标
湿度	测量范围:0%RH～95%RH; 分辨率:0.1%RH; 最大允许误差:±2 %RH; 湿度标准器年漂移量:≤2%RH
气压	测量范围:450～1060 hPa; 分辨率:0.1 hPa; 最大允许误差:±0.3 hPa; 气压标准器年漂移量:≤0.3 hPa
测试区温度场稳定性	≤0.1 ℃/min
测试区温度场均匀性	≤0.1 ℃
测试区湿度场稳定性	≤±2%RH/min
测试区湿度场均匀性	≤1%RH
输出电压	电压范围:—15～+15 V,调节分辨率为0.5 V
尺寸和重量	尺寸:440 mm×320 mm×220 mm 重量:不超过 20 kg
电源	交流:220 V,频率:50 Hz

6.3.3 操作和使用

6.3.3.1 探空仪基测流程

探空仪基测流程见图 6.31。

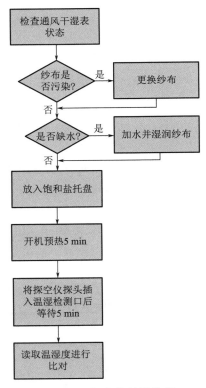

图 6.31 探空仪基测流程

6.3.3.2　探空仪的基值测定

（1）温度、湿度和气压的基值测定

① 探空仪基值测定的具体操作步骤

接通基测箱电源，使基测箱的测量电路、通风干湿表和气压传感器等预热 5 min；若探空仪要求进行多点检测，应配制不同的饱和盐溶液，将饱和盐盒装入基测箱内，依次进行检测，若进行高湿点的检测，则饱和盐托盘中加入蒸馏水即可，若进行零点的检测，则分子筛筒内加满分子筛；打开温湿检测口，将被检探空仪探头轻轻放入温湿检测口内部；关闭温湿检测口，把探空仪测量元件密封在检测口内；打开触摸屏上供电按钮（图标为动态），给被检探空仪供电；待检测室内的温度和湿度平稳后，即可读数。

探空仪温度和气压的检测与湿度检测一起进行。温度采用检测室中的干球温度值，气压采用当时的大气压力，气压传感器的进气口应通大气，不应有阻塞现象。

② 给通风干湿表湿球铂电阻套上纱布及上水步骤

拧开通风干湿表上盖，取出通风干湿表；将清洗干净的纱布套到湿球铂电阻上（贮水瓶有孔一侧），用配备的钢丝将纱布另一端通入水盒内；用注射器向贮水瓶内加蒸馏水，水面不要超过铂电阻底端；润湿铂电阻上的纱布套；沿水盒竖直方向将通风干湿表放入风道内；拧紧通风干湿表上盖。

注意，纱布末端出现明显黄色水渍证明纱布污染，需更换新纱布，否则将导致湿度示值不准。纱布更换周期视环境而定，一般正常环境为 5 d 更换一次，纱布建议作为耗材使用，如特殊情况需重复使用按要求清洗纱布。

③ 放置饱和盐步骤

打开检测室舱门，取出饱和盐托盘。托盘为上下两层，拆开后分别加入饱和盐再叠在一起放入检测室，并关闭舱门。稳定 5 min 即可开始进行探空仪温度、湿度的检测。

注意，饱和盐试剂均匀地平铺在盐盒内，厚度约为盐盒高度的 1/2；在使用氯化钠试剂时需注意，如果试剂呈细小的颗粒状需要向盐盒内洒入蒸馏水使饱和盐试剂保持湿润。

根据探空仪的不同型号，依据其说明书或相关规范的要求确定湿度基测点。

可以利用基测箱进行探空仪湿度测量元件的活化处理，其方法是：将探空仪的湿度测量元件置于基测箱的检测室内，通常在通电的情况下，先将饱和盐托盘中注入适量的蒸馏水，关闭检测室的密封门，打开基测箱电源观察显示屏上的湿度显示，当达到 90%RH 时开始计时，5 min 即可完成活化，接着可对高湿点进行检测。

若要检测其他湿度点，应换成盛有相应饱和盐溶液的托盘，关闭检测室门，在检测室湿度达到相应值时开始计时，5 min 即可进行检测。

（2）湿度零点检测

若被检探空仪，规定在基值测定时需要进行 0%RH 点的检测，则使用零点检测室。

（3）零点检测前期准备

初次使用应将本设备配备的分子筛装入筒内，其方法是：逆时针旋转打开零点检测室上盖，取出分子筛筒，往分子筛筒内装入约 100 g 的分子筛（倒满即可），再顺时针安装上盖并拧紧。

加入干燥剂的步骤为：逆时针拧开上盖；取出分子筛筒；将分子筛筒内装满筛；拧紧上盖。

① 探空仪零点检测

零点检测室准备好后，打开零点检测口，将探空仪温湿度测量探头轻轻放入零点检测口内，然后关闭零点检测口即可把探空仪测量元件密封在零点检测室内了。

打开基测箱触摸屏上的零点按钮,开启风扇(风扇图标旋转),稳定 5 min 即可进行 0%RH 湿度点的检测,其步骤是:打开探空仪传感器插口;将探空仪探头轻轻放入;关闭探空仪传感器插口;打开零点开关,并等 5 min;读取探空仪示值。

② 分子筛失效判定

在零点检测室密封良好的情况下,若探空仪显示的湿度在通风 5 min 后还在 5%RH 以上,应先检查探空仪的湿度测量是否正常,然后确定分子筛是否失效。

这种情况可以用更换探空仪的方法进一步验证。更换合格的探空仪后,探空仪的湿度示值在 5 min 内若仍高于 5%RH,可确认分子筛失效,此时需更换新的分子筛。

注意:分子筛在 20 ℃、50%RH 环境下,一般可用 5 d,具体使用时间视环境而定,分子筛建议作为耗材使用。

③ 面板显示

在检测过程中,无须操作,只需要通过显示屏读取温度、湿度、气压即可完成检测记录。显示屏的显示内容如图 6.32 所示。

在图 6.32、图 6.33、图 6.34 这 3 个界面内,转动旋钮能够调整设置电压值,顺时针增大,逆时针减小,调整完成后点击界面上的供电开关按钮,即可输出电压(此时图标为动态)。

当正处于电压输出状态,不小心碰到旋钮,此时输出电压值不会变,并且在 5 s 后自动恢复为原设定值。若人为想在输出状态下调整电压,需旋转旋钮设置好电压值后按下旋钮,即可更新为新的电压值,但以防烧坏探空仪,通常不建议这样做,应先关闭供电开关,调整电压值后再打开供电开关。

在图 6.32、图 6.33、图 6.34 这 3 个界面内,点击设置按钮,输入密码后即可进入设置界面(图 6.35),初始密码为 123456。

图 6.32　主界面

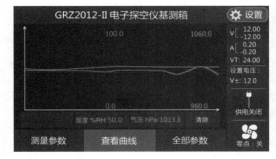

图 6.33　曲线显示界面

图 6.34　全部参数界面

图 6.35　设置界面

在设置界面中,"温度校准"用于校准干球温度和湿球温度(只在检定基测箱时用,不要随意更改);"压力校准"用于校准压力传感器(只在检定基测箱时用,不要随意更改);"风速调节"用于调节检测室内风速(只在检定基测箱时用,不要随意更改);"通讯设置"用于设置串口波特率、IP 地址、端口号;"修改密码"用于修改进入设置菜单的密码;"联系我们"用于查看厂家联系方式,便于获取售后服务。

干球温度校准一共测五个点:0.00 ℃、10.00 ℃、20.00 ℃、30.00 ℃、40.00 ℃。

干球温度原始值:基测箱干球温度的原始值;

干球温度的标准值:测试时点击该点的标准℃,右侧数字部分输入外接标准温度表的温度值;

干球温度的测量值:测试时点击该点的测量℃,右侧数字部分输入干球温度原始值;

保存:点击保存,保存干球温度。

湿球温度校准一共测五个点:0.00 ℃、10.00 ℃、20.00 ℃、30.00 ℃、40.00 ℃。

湿球温度原始值:基测箱湿球温度的原始值。

湿球温度的标准值:测试时点击该点的标准℃,右侧数字部分输入外接标准温度表的温度值;

湿球温度的测量值:测试时点击该点的测量℃,右侧数字部分输入湿球温度原始值;

保存:点击保存,保存湿球温度。

风速调节中点击风速百分比:右侧数字部分输入风速百分比值,也可以通过面板上的旋钮调节风速百分比。

保存:点击保存,保存风速百分比。

修改密码中两次输入新密码:

点击输入新密码:右侧数字部分,输入新密码 6 位;

点击再次输入密码:右侧数字部分,再次输入密码 6 位;

保存:点击保存,保存密码。

通讯设置中:

点击波特率:右侧数字部分,由低到高显示波特率,点击一次变动一次。波特率:4800、9600 、19200、38400、57600 、115200 。例如:需要 9600,到 9600 就不要点击。

点击 IP 地址:右侧数字部分输入 IP 地址;

点击端口号:右侧数字部分输入端口号;

保存:点击保存,保存通讯设置。

点击画面上的返回键,返回上一级菜单。

温度异常,请检查! 点击画面上的返回键,温度异常消失,再次异常,还会出现。

压力异常,请检查! 点击画面上的返回键,压力异常消失,再次异常,还会出现。

6.3.4 常规维护

(1)基测箱

基测箱应放置在室内使用,避免在阳光下或温度变化大的场合,以免影响基测箱内部的温度平衡效果,影响相对湿度检测的准确性。基测箱在使用过程中应保证使用环境洁净,并避免杂质进入检测室。

非公司专业人员不得随意拆卸基测箱,以免造成产品损坏。

每次使用后应将饱和盐托盘从基测箱中取出,将饱和盐托盘中的盐倒入密封容器内保存,并将托盘刷洗干净。

基测箱每次使用后,应保证内部的清洁干燥,若有盐分或水残留,用布擦拭干净。

在使用过程中若发现相对湿度显示不正常,应检查纱布是否缺水或污染。

(2)通风干湿表

新启用的基测箱应先在通风干湿表的湿球温度测量元件上套装纱布,注意需使用基测箱配备的气象专用纱布套。

套装或更换纱布时,应清洗双手,并用镊子操作,避免手上的油脂对纱布造成污染。

储水瓶中的水应从加水口用医用注射器加入,必须使用蒸馏水。加入蒸馏水的水面高度不应高于铂电阻底部,以免造成湿球滴水。加入水后,用不锈钢丝顶一下纱布端头,确保纱布端头在底部。新安装或更换纱布后,为确保纱布处于湿润状态,可用注射器往纱布上注水湿润。

湿球纱布更换频次由使用的时间和环境的污染情况确定,纱布末端出现明显黄色水渍证明纱布污染,需要更换。

(3)零点检测室

失效的分子筛单独存放,不要与好的分子筛混在一起,以便于集中脱湿再生。

每次探空仪 0%RH 检测完成后,应将零点检测室上盖盖好、拧紧,确保与外界隔绝,也可以倒出放在干燥的容器内存放。

新的分子筛要密封保存,避免吸入水汽;检测时尽量减少分子筛暴露在空气中的时间,并及时压紧上盖。

分子筛的使用寿命主要与其初始状态、装入分子筛盒量的多少、检测时的湿度大小和每次检定暴露在空气中时间的长短有关。

第7章 电子探空仪

7.1 概述

探空仪是一次性使用的高空气象探测仪器。探空仪由充满氢气的气象气球携带升空,与 L 波段探空雷达相配合,可探测地面至高空的大气环境的温度、气压、相对湿度、风向、风速。

探空仪由气球携带升空,其温度、气压、湿度传感器随大气环境的变化而变化,L 波段探空雷达通过接收探空仪发回的温度、气压、湿度气象信息,雷达终端软件根据探空仪生产时得到的传感器标定参数(检定证参数),计算出实时的温、压、湿数据;同时雷达发射机向探空仪发出询问脉冲信号,当询问脉冲信号到达探空仪时,探空仪发射机产生回答信号,由此通过计算得到雷达与探空仪之间的斜距,进而得到高空风向、风速。

7.2 GTS11 型电子探空仪

7.2.1 组成与结构

探空仪安放在长方形泡沫盒中,外面由铜版纸包装和固定,包装纸盒具有防水和抗拽拉性能,施放时气球绳捆绑在纸盒上面的孔上。探空仪外形及内部结构如图 7.1 所示。

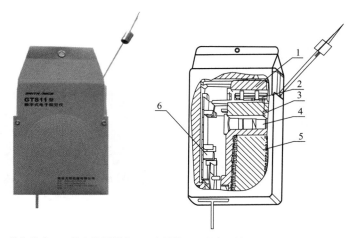

1. 外包装盒;2. 探空仪测量盒;3. 电源线;4. 泡沫塑料盒;5. 电池盒;6. 发射机。

图 7.1 探空仪外形及内部结构示意图

(1)发射机

发射机高频微波部分采用新型微带天线匹配优化设计,结构简洁、效率高。发射板电阻、电容及集成电路器件采用贴片工艺,可靠性高。它由天线、微带印制板、微波振荡管、发射板等组成。

探空仪发射机结构如图 7.2 所示。

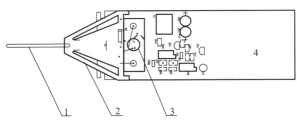

1. 天线；2. 微带印制板；3. 微波振荡管；4. 发射板

图 7.2　探空仪发射机示意图

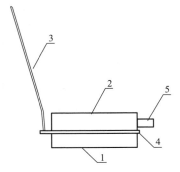

1. 下屏蔽罩；2. 上屏蔽罩；3. 温、湿度
传感器支架；4. 印制板；5. 信号插头

图 7.3　测量转换器示意图

（2）测量转换器

测量转换器将传感器随大气环境变化的温度、气压、湿度物理量，转换成规定格式的二进制代码，送给发射机向地面传送实时的气象信息。由温度传感器、湿度传感器、传感器支架、测量板（含硅压阻传感器和附温传感器）和屏蔽罩印等组成。其外形结构如图 7.3 所示。

① 温度传感器

气温测量采用珠状热敏电阻，珠体直径较小，表面采用真空镀铝涂层。真空镀铝涂层对于红外长波可以忽略不计，而对于短波反射率也超过 90%，软件上采用热平衡方程对短波辐射误差进行修正。

气压附温测量采用珠状热敏电阻，安装在气压传感器的附近。

② 湿度传感器

湿度传感器采用高分子湿敏电容。其测量原理是在外界相对湿度变化时，水汽分子可以透过上电极薄膜达到高分子感湿膜表面而被吸附或释放，引起介电常数变化，使元件的电容量发生变化，从而感应出空气湿度的变化。

此湿度传感器时间常数和湿滞回差小，高分子薄膜性质稳定，能够满足高空气象探测的要求。传感器电容值随湿度变化率高，线性度好，量程宽，温度系数较低，能满足在测量范围内对精度和分辨率的要求，简化计算湿度时所需的参数；且体积小，使用方便。湿度传感器结构图如图 7.4 所示。

③ 气压传感器

气压传感器采用表面封装的压阻式硅压力

图 7.4　湿度传感器结构图

传感器。由于硅本身具有高强度、高硬度及良好弹性的特点，使得硅压传感器可靠性好、灵敏度高、迟滞极小，能够最大限度地满足不同气压变化率下对测量精度的要求。此传感器还具有良好的线性度，且体积小、容易安装，有利于减少计算气压时所需的参数，降低电子线路设计方面的复杂程度。

④ 温、湿度传感器支架

温、湿度传感器支架采用柔性印制板材料制成，外层采用真空溅铝工艺，呈银白色。外形结构如图 7.5 所示。

注意:使用中禁止用手触摸温、湿度传感器,施放探空仪时支架弯曲要平缓,有一定弧度,否则会造成内部引线折断,造成温、湿度变性。另外,避免弄断温度传感器,湿度保护帽不要取下。

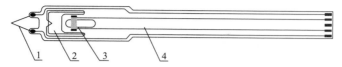

1. 温度传感器;2. 湿度传感器防水帽;3. 湿敏电容传感器;4. 传感器支架

图 7.5　传感器支架示意图

(3)电池

探空仪电源采用镁氯化亚铜注水式电池供电,电池外形如图 7.6 所示。

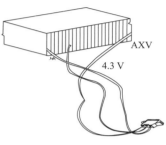

图 7.6　电池外形

7.2.2　技术指标

探空仪属于一次性使用的高空气象探测仪器,它必须符合规定的技术标准要求,并按照批准的设计图样和工艺文件制造。探空仪出厂时必须经过严格的检验和测试,产品合格方能交付台站使用。

(1)测量性能(量程)

温度:$-90\sim50$ ℃;气压:$1060\sim5$ hPa;湿度:0%RH$\sim100\%$RH。

(2)测量范围和允许误差

① 温度

测量范围:$-90\sim50$ ℃;允许误差:$\Delta T\leqslant0.2$ ℃。

② 气压

测量范围:$10\sim1050$ hPa;允许误差:气压$\geqslant500$ hPa,$\Delta P\leqslant1.5$ hPa;气压<500 hPa,$\Delta P\leqslant1$ hPa。

③ 湿度

测量范围:15%RH$\sim95\%$RH;允许误差:$\Delta U\leqslant\pm5\%$RH。

(3)基点

温度:-0.3 ℃$\leqslant\Delta T\leqslant0.3$ ℃;湿度:-5%RH$\leqslant\Delta U\leqslant5\%$RH;气压:$-1.5$ hPa$\leqslant\Delta P\leqslant1.5$ hPa。

基测变量在施放时由计算机软件进行修正。

(4)电气性能

载频中心频率(f0):(1675 ± 3)MHz。

发射功率(P):不小于 400 mW。

载频频率稳定性:$(f0\pm4)$MHz。

回答灵敏度:不大于 20 μW。

测距缺口与欠饱和振幅比:不小于30%。

调制方式:AM(调幅)。

调制信号频率:(32.7 ± 0.5)kHz。

淬频频率:(800 ± 15)kHz。

数字信号传输方式：数字 1 状态，发射机受 800 kHz 调制；数字 0 状态，发射机受 32.7 kHz 调制；32 kHz 在高电平时，关闭发射机；0 电平时发射机受 800 kHz 调制。

采样周期：≤1.2 s。

数据传输速率：1200 bps。

（5）电池组

镁氯化亚铜注水电池组；电压：总电压（28±2）V；工作时间：不少于 140 min。

7.2.3　使用操作

GTS11 型数字探空仪采用了新材料、新工艺，简化了基测步骤，操作简单易行。

（1）探空仪基测方法

雷达应在基测状态接收并解调出探空仪发出的温度值、湿度值和气压值（仪器值）。基测时操作人员读取并输入基测箱测量出的温度值、气压值和湿度值作为参考标准值，雷达放球软件对标准参考值和探空仪测量的温度值、湿度值、气压值进行比较，如在允许误差范围内，给出探空仪基测合格的结论，如果温、湿、压其中一项超出允许误差范围，基测将不能通过，必须更换探空仪。

探空仪基测合格并退出基测状态时，软件会自动保存探空仪基测数据。

（2）基测前准备

每箱探空仪为 10 套，包括电池、放球绳、大风放球器、检定证的光盘、使用说明书和装箱清单。开箱时应按照装箱清单进行检查。

装箱内有一张光盘，每批探空仪的检定参数存在此光盘上，文件名为"XXXXXXXXX.coeff"，为对应该探空仪的检定数据。从箱中取出后，在 lradar 的主目录下，把"XXXXXXXXX.coeff"文件拷入 lradar/para 目录中。

施放前从包装箱中取出探空仪，打开铝铂袋取出探空仪。去掉探空仪保护折叠盒，展开传感器支撑臂。

注意，基测时不要拆除传感器保护支架，避免基测时损坏传感器；基测完后去掉温度和湿度传感器元件外面的保护支架，不要把湿度测量元件的防护罩取下，湿度测量元件的防护罩应保持原来的状态施放。

（3）雷达准备

安装 GFE(L)1 型二次测风雷达高空气象观测系统软件；在 lradar 的主目录下，进入 lradar/datap 目录；打开数据处理软件；设置本站常用参数，输入密码，点确定按钮，进入设置界面；在"探空仪型号"对话框，选择 GTS11 型数字式探空仪，点确定按钮退出；打开雷达放球软件，雷达按钮增益打自动，频率调整在 1675 MHz 左右，调整天线方位、仰角，使四条亮线较齐；信号调好后可以看到放球软件左下角，探空脉冲指示在不停变化，雷达显示的探空仪序列与正在基测的探空仪序列号一致，而温、压、湿三条线分别是温度 25 ℃、气压 1000 hPa、湿度 30%软件默认值，状态表明雷达工作正常，可以进入基测程序。

（4）探空仪基测步骤

取出探空仪支架装在基测箱侧面适当高度，并将基测箱输出电压 V1 设置为 24 V，V2 设置为 10 V。

从包装袋中取出探空仪，将基测箱电压输出线与探空仪电源插头连接上，打开基测箱可变测试室舱门，将探空仪传感器放入可变测试室，关闭舱门，等待基测箱温、湿度环境稳定。

雷达增益按钮打自动，频率调整在 1675 MHz 左右。这时应该看到画面左下角，探空脉冲指示在不停变化,软件显示的探空仪序列号与正在基测的探空仪序列号一致,表明雷达工作正常,可以进行基测。

待 3 min 后,基测箱数据基本稳定后,点击软件左下角确定序列号,弹出窗口点确定,然后点软件左侧基测键,打开基测开关,开始基测。

点软件左下方地面参数,在弹出的窗口的"基值测定记录"选项卡下的干球温度窗、相对湿度窗输入基测箱温度值和湿度值,勾选"使用自动气象站的气压值",在本站气压窗输入基测箱显示的气压值,即可在结论框看探空仪是否合格,点确定完成基测。

(5)水泡电池

配制 5% 浓度的氯化钠(NaCl)盐的水溶液,水温保持在 35 ℃左右。打开电池的塑料袋,将电池浸泡到盐溶液中,电池插头放在容器盒外面,过 5~6 min 取出,滴去多余的水即可(注意不要甩干,而是自然滴出)。

用三用表检测电池电压是否满足探空仪使用要求,若满足即可接入探空仪,准备放球。

(6)注意事项

切不可用手触摸传感器,防止污染和损坏传感器。基测时保留传感器保护支架。放球时去除传感器保护支架,但必须保留湿度传感器保护帽。

7.3　GTS13 型电子探空仪

7.3.1　组成与结构

测量电路板、发射机和电池置于泡沫保温盒内,温湿度传感器支架固定在泡沫盒侧面凹槽内,防止在运输中损坏;施放时将支架伸出盒外撑起成 45°;湿度防雨罩结构设计形成风道,减少迟滞(图 7.7 和图 7.8)。

(1)温湿度传感器支架

由多层覆铜板制成,弯曲性较好,具有防水和抗高频干扰能力。温湿度传感器固定在支架前端(图 7.9)。

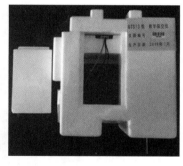

图 7.7　GTS13 型数字探空仪

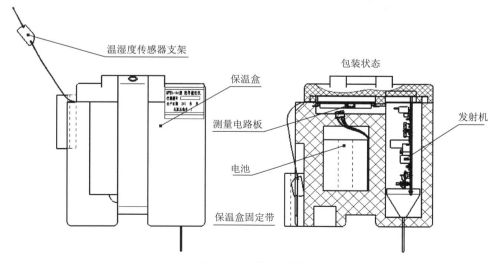

图 7.8　结构示意图

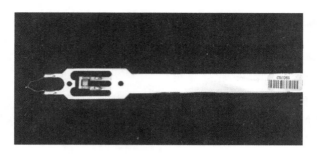

图7.9　温湿度传感器支架

（2）温度传感器

呈倒"V"形，珠体位于中间顶端；表面真空溅射镀铝膜，有效提高反射率。

（3）湿度传感器

湿度传感器外有防雨罩保护，以防止湿敏电容感应面沾水。

（4）测量电路

测量电路由单片机、AD、振荡电路等组成（图7.10）。采样待测物理量，输出数据信号和控制信号。

（5）气压传感器

气压传感器为集成数字式硅压阻器件（器件自带测温功能），其温度系数采用全温区拟合补偿，以保证测量准确度（图7.11）。

图7.10　测量电路板

图7.11　气压传感器

（6）发射机

发射机结构见图7.12，其由动态识别、回答控制、数据发送控制、动态凹口模块、超音频振

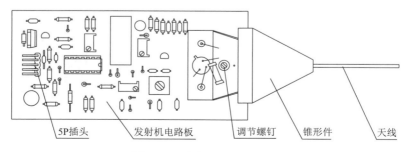

5P插头　　发射机电路板　　调节螺钉　　锥形件　　天线

图7.12　发射机结构示意图

荡等组成,受控处于探空和回答两种状态。探空时向地面发送温压湿探空数据,回答时地面雷达跟踪探空仪的方位、仰角和斜距,从而完成风向和风速的测量。

7.3.2　工作原理

探空仪升空过程中,测量传感器感应到的温压湿数据调制到载波发送地面,雷达接收检波解调得到要素值(图 7.13 和图 7.14);雷达跟踪探空仪方位、仰角,发射机接收地面询问进行测距,以完成大气温度、气压、湿度、风向和风速的综合探测。

图 7.13　GTS13 型数字探空仪

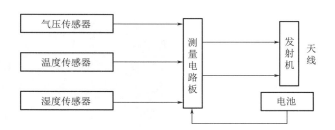

图 7.14　工作原理示意图

(1)温度传感器

温度传感器采用负温度系数热敏电阻,它是多种金属氧化物在一定条件下经高温烧结而成,获取热敏特性。外形为珠状,表面涂有高反射率涂层,可以减小长短波辐射的影响。具有灵敏度高、体积小、响应速度快、使用方便等特点,每只传感器均具有各自的 R-T 特性曲线检定证。

(2)湿度传感器

湿度传感器采用高分子聚合物湿敏电容,获取湿敏特性。外形为片状,具有灵敏度高、体积小、响应速度快等特点,每只传感器具有各自的 C-U 特性曲线检定证。

(3)气压传感器

气压传感器为集成数字式硅压阻器件(带自动测温),具有灵敏度高、尺寸小、横向效应小、滞后和蠕变小等特点,由于其温度系数大,而探空仪在升空中的温度环境十分恶劣,因此采用全温区拟合补偿。每台测量电路板及其气压传感器均有各自的 $P = f(V, T)$ 特性曲面检定证,以保证其测量准确度。

(4)测量电路板

测量电路板由单片机、AD、555 振荡电路等组成。用于采样各类待测的物理量,并按照一定编码格式转换成二进制代码,调制到 32.7 kHz 副载波上,输出数据信号(图 7.15)。同时输出控制信号控制发射机使之处于不同工作状态。

(5)发射机

由动态识别电路、回答控制电路、1675 MHz 微带组件、数据发送控制电路、动态凹口智能模块、超音频振荡电路、限压电路等部分组成。发射机受测量电路控制分别处于探空和回答两种工作状态(图 7.16)。

探空状态时,将受二进制代码调制的 32.7 kHz 副载波数据信号调制到 1675 MHz 超高频信号上,向地面发送温、压、湿等探空数据。地面雷达接收解调从而获取相应的气象要素(图 7.17)。

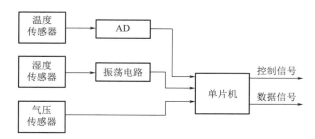

图 7.15　工作原理示意图

图 7.16　发射机

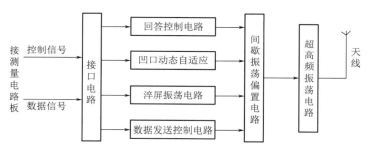

图 7.17　发射机原理示意图

回答状态时,发射机的振荡状态是处于"欠饱和"状态。接收到地面雷达询问信号时,振荡强度立即从"欠饱和"达到"饱和",超高频振荡管回路电流增大,使负偏压降低,造成淬频"失步",形成"凹口"。地面雷达跟踪确定探空仪的方位、仰角和斜距,从而完成风向和风速的测量。

(6)通信协议

采样周期为 1.2 s,其中 0.2 s 为探空状态(1200 波特率,21 个字节),1 s 为测距状态(表7.1)。

表 7.1　通信协议表

序号	定义	备注
1~3	仪器号	1 字节为年,2/3 为编号 0~65535
4~5	计算温度	−9900~9900,扩大 100 倍(有符号整型)
6~7	计算湿度	0~1000,扩大 10 倍(无符号整型)
8~10	计算气压	0~120000,扩大 100 倍(无符号整型)
11~12	气压附温	0~15000((TEMP+60)×100)(无符号整型)

序号	定义	备注
13～14	计算 UT	−9900～9900，扩大 100 倍（有符号整型）
15	板温	−40～40（有符号整型）
16	电池电压	0～150，扩大 10 倍（无符号整型）
17～18	Fre	（无符号整型）
19～20	FreRef	（无符号整型）
21	校验和	前 20 个字节累加和

7.3.3　性能特点

GTS13 型较现用业务探空仪探测精度高、响应速度快、结构简单、使用方便。

（1）珠状热敏电阻，表面真空溅射镀膜，响应速度快、防辐射性能和防水性能优良（图 7.18）。

（2）高分子聚合物湿敏电容，解决了湿敏电阻一次性使用、响应速度慢、滞后误差大等问题（图 7.19）。

（3）集成数字式硅压阻器件（带自动测温），具有灵敏度高、尺寸小、横向效应小、滞后和蠕变小等特点（图 7.20）。

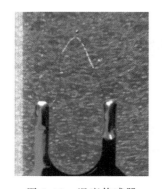 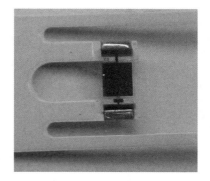 

图 7.18　温度传感器　　　　图 7.19　湿度传感器　　　　图 7.20　气压传感器

（4）检定证系数存贮于 CPU，探空仪输出物理量；供电采用锂电池，使用更方便（图 7.21）。

图 7.21　测量电路板和电池

7.3.4　操作方法

（1）准备工作

取出探空仪,拆开真空包装。

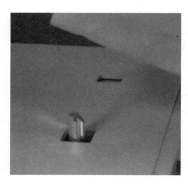

图7.22　基测第二步

（2）基测

第一步,将探空仪保护支架的U型槽抽出,使温湿支架自然伸展,取下塑料保护套。

第二步,将探空仪支架伸入基测箱比对室内(注意,伸入时切勿使温度传感器碰到四周,以免损坏)(图7.22)。

第三步,打开电池盖板,将基测箱供电插头插在探空仪插座上(注意卡槽方向),探空仪正常工作,核对探空仪仪器号。

第四步,开始基测,仪器合格则可以准备释放。

（3）施放装配

第一步,将电池插头插入测量板插座(探空仪工作正常指示灯有节奏地闪烁),电池引线推进保温盒凹槽,盖好电池盒盖。

第二步,将保温盒上保护温湿支架的U型槽推起,使其保持45°倾角,用以支撑温湿支架。

第三步,取出固定带由下自上卡在保温盒凹槽中,将放球绳穿入其气眼,将固定带与保温盒拉紧后绑好,挂在放球绳末端。

（4）注意事项

探空仪为独立抽真空包装,使用前请勿打开包装,以免湿度传感器长期暴露在空气中受环境影响降低其测量准确度。

基测、装配时保护温度传感器,以免损坏。

7.4　GTS12型电子探空仪

7.4.1　组成与结构

图7.23是GTS12型数字探空仪的外形实物图,与老型号GTS1的区别是温度和湿度传感器由杆状热敏电阻和湿敏电阻换成珠状热敏电阻和湿敏电容,安装在伸出来的传感器支架上。

GTS12型数字式电子探空仪由温湿度传感器支架(含温度和湿度传感器)、智能转换器(含气压传感器)、发射机、电池和外壳组成(图7.24)。

图7.23　GTS12型数字探空仪的外形实物图

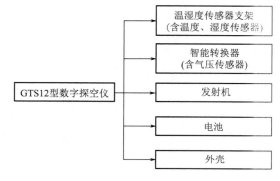

图7.24　GTS12型探空仪的主要组成

图 7.25 是探空仪的结构组成,这个产品的基本结构与 GTS1 非常相似。区别还是伸出来的传感器支架,代替原来的纸盒盒盖(温度和湿度传感器安装在纸盒盒盖上)。

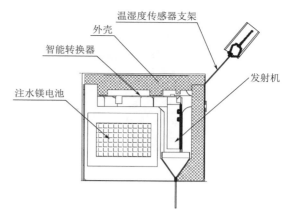

图 7.25   探空仪的结构组成

(1)温湿度传感器支架

图 7.26 为温湿度传感器支架,温度传感器安装在支架最前端,湿度传感器安装在中间的防雨帽中,防雨帽的作用就是在保证通风的同时也能防止雨水进入传感器干湿面凝结,造成脱湿不好的情况。

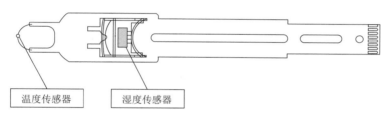

图 7.26   温湿度传感器支架

(2)温度传感器

温度传感器(图 7.27)采用珠状热敏电阻,安装在温湿度传感器支架的最前端,可首先接触未扰动大气。珠状热敏电阻直径 0.6×1.1 mm,表面有真空镀铝涂层和防水涂层,短波反射率优于 90%,长波反射率超过 95%,在常温无风空气条件下响应时间为 1.6 s。

(3)湿度传感器

湿度传感器(图 7.28)采用高分子薄膜湿敏电容,安装在温湿度传感器支架上,同时装配有防雨罩,可防止雨水对湿敏电容的污染。该湿敏电容具有测湿范围广、响应速度快、体积小、灵敏度高、滞后系数小、滞差环小、温度系数小等优点。在 25 ℃时,响应时间小于 3 s,在−20 ℃时,响应时间小于 15 s,年漂移量小于 1.5%。

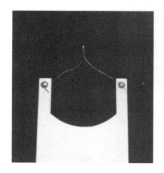

图 7.27   温度传感器

图 7.28   湿度传感器

（4）气压传感器

气压传感器（图7.29）采用硅阻固态压力传感器，直接安装在智能转换器上。影响压力传感器性能的误差包括零点温度漂移、灵敏度温度漂移、线性误差、重复性误差、迟滞误差、机械迟滞、温度迟滞等。根据压力传感器的温度特性，确定温度补偿数学模型，对每一只压力传感器进行温度压力联合校准。该方法具有补偿动态范围大、精度高等优点。

图7.29　气压传感器

压力传感器（图7.30）测量气压的原理是在压力传感器半导体硅片上有一层扩散电阻体，如果对这一电阻体施加压力，由于压电电阻效应，其电阻值将发生变化，电桥输出电压随之发生变化。探空仪智能转换器的采集电路在测量到这个电压值变化后，经过AD转换及高采样积分计算，输出气压值。

气压标定数学模型为

$$(V+)-(V-)=f(P,T)$$

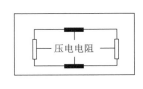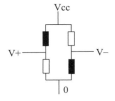

图7.30　硅阻压力传感器示意图

（5）智能转换器

智能转换器（图7.31）主要由信号放大电路、信号调理电路、滤波电路、数据采集电路、调制电路、电源电路等组成。智能转换器主要功能是将各类传感器的物理量，通过信号调理按一定线性度转换成模拟信号，将模拟信号转换成数字量，数字量经过高运算处理器处理后，直接输出TTL电平数字信号，TTL数字信号调制31.25 kHz后发送给发射机，每组数据发送时间约为0.2 s。

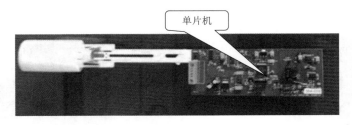

图7.31　智能转换器

智能转换器的单片机AD精度达到了16位，在−35～＋50 ℃范围内的实际转换精度优于万分之三。智能转换器不带存储和计算功能，由上位机根据解调后的传感器数字量和探空仪检定数据计算得到温度、气压和湿度，每个探空仪检定数据还是以光盘形式提供，随探空仪一起提供给用户。

（6）发射机

发射机（图 7.32）由 L 波段超高频发射机、800 kHz 淬频振荡器和探空数据调制电路组成。为地面二次雷达提供角跟踪信号源、产生雷达测距应答信号、传输 TPU 数字信息。发射机除了发送气象测量信息外，还要接收地面二次雷达的询问信号，产生回答"缺口"实现测距功能，因此发射机必须处于超再生工作状态（即间歇工作状态），发射信号受 800 kHz、31.25 kHz 和二进制气象代码的多重调制。

发射机原理如图 7.33 所示，发射机将智能转换器输出的 31.25 kHz 副载波信号，经过放大，再经过电容器隔直和二极管限幅，仅使 31.25 kHz 副载波的负电压传输到超高频晶体管的基极，使发射机停止振荡，L 波段超高频信号受到 31.25 kHz 副载波的调制，而 31.25 kHz 副载波又受到数字"0"的调制，因此发射机信号中就包含了数字"0"的信息，而没有 31.25 kHz 调制的超高频信号则为数字"1"信息。

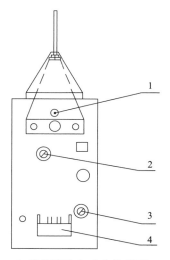

1. 调频螺钉；2. 电位器 2RP2；
3. 电位器 2RP1；4. XP1
图 7.32　发射机

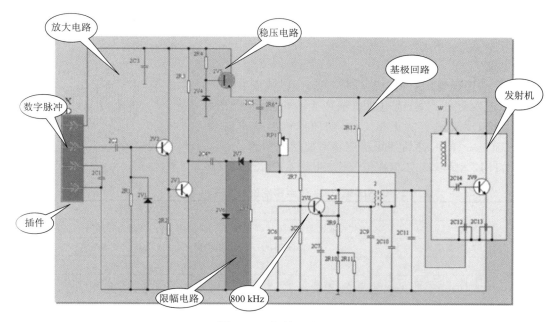

图 7.33　发射机原理图

图 7.34 是产生雷达测距应答信号原理，应答器的重复频率与淬频 800 kHz 相等，称为同步。在同步工作状态下，超高频发射机振荡状态不能达到饱和，称为"欠饱和"。一旦收到地面雷达的询问脉冲后，超高频振荡器在 0.8 μs 期间内产生谐振，振荡强度立即从"欠饱和"达到"饱和"，淬频幅度高于其他淬频幅度，称为"应答鼓包"，超高频晶体管基极回路电流增大，使负偏压降低，造成"鼓包"后的第 1 个淬频"失步"，在 800 kHz 间歇振荡频率中，少了一个 800 kHz 波形，形成"缺口"。

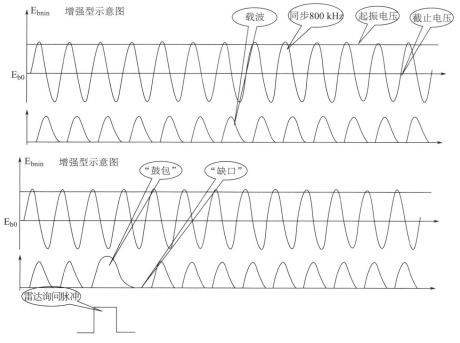

图 7.34　产生雷达测距应答信号原理示意图

（7）电池

探空仪采用镁氯化亚铜电池（图 7.35）。电池安装在纸盒侧面,靠近发射机一端,通电时电池产生的热量可保证探空仪在较低温度环境下能正常工作,使用前泡温盐水这些步骤和之前是一样的,然后使用检测箱赋能后使用。

（8）GTS12 型与 GTS1 型探空仪比较（表 7.2 和图 7.36）

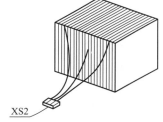

图 7.35　电池

表 7.2　GTS12 型与 GTS1 型探空仪对比表

相同点	GTS12 测量性能比 GTS1 除温度指标提高 0.1 ℃外,其余指标相同	
	GTS12 电气性能比 GTS1 除采样周期 1.5 s 改为 1 s 外,其余指标相同	
不同点	温度传感器	GTS1 为棒状热敏电阻,GTS12 为珠状热敏电阻
	湿度传感器	GTS1 为湿敏电阻,GTS12 为湿敏电容
	单片机	GTS1 为 51 单片机,GTS12 为 ARM 内核单片机（提高采样和转换精度）
	发射机	GTS1 为分立元件,GTS12 为贴片

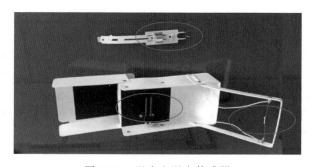

图 7.36　温度和湿度传感器

7.4.2　操作方法

（1）基测

开启探空仪基测箱电源。将探空仪的温湿度传感器支架放入基测箱检测口内,将基测箱的探空仪供电线插入探空仪的电源插座。开启雷达和探空软件,接收探空信号,读入号码和参数文件。稳定 3 min 后即可进行温度、湿度和气压测量精度比对。

判定合格标准为:

温度基点:$-0.3\ ℃\leqslant\Delta T\leqslant 0.3\ ℃$;

湿度基点:$-5\%RH\leqslant\Delta U\leqslant 5\%RH$;

气压基点:$-2.0\ hPa\leqslant\Delta P\leqslant 2.0\ hPa$。

（2）检查发射机

调整载波频率:探空仪基测时如发现载频偏移过大,超过 3 MHz 请退回公司修理。

检查发射机回答缺口:检查缺口可在室内或室外进行,检查时探空仪天线应远离金属物体。雷达询问脉冲置于小功率发射,天线对准探空仪,观察示波器显示的回答信号,缺口深度应在 1/3～2/3。

调整发射机回答缺口:发射机回答缺口深度若不符合要求,可调节发射机板上电位器 2RP2,逆时针旋转缺口加深,顺时针旋转缺口变浅。

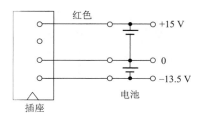

图 7.37　电池输出插头的极性图示

（3）准备电池

电池输出插头的极性如图 7.37 所示。

① 准备电液

配方一:水 100 mg,水温 35～40 ℃,食盐 3 g。

配方二:水 100 mg,水温 45～50 ℃。

② 注电液

电池在使用前 1 h 拆封,在施放前 30 min 将电池根据配方规定注入电液,电池浸入电液 3～5 min 后取出滴去余水。浸入时间切勿过长,否则影响使用效果。

注意,切勿挤压水或用力甩水,否则电池内含水过少,影响使用时间。滴去余水后,放入保温盒内。

③ 赋能

将电池插头与基测箱的电池电压插座连接,基测箱显示屏上的电池电压值开始变化,观察显示屏上的电压指示,当电压上升到规定的电压值 18 V 时,取下电池插头,等待使用。

另一种方法是用探空仪赋能,用万用笔同时测量电池正负两端电压,当电压上升到 24 V 时,取下探空仪上的电池插头,等待使用。

（4）准备施放状态

将准备好的电池连接探空仪上电,盖上盒盖后,用蜡绳穿过探空仪两侧支架的扎绳孔并扎牢,用 33 m 蜡绳将探空仪与气象气球连接,即可进行施放,准备施放状态如图 7.38 所示。注意,下雨天请将盒盖压紧,绕线扎紧!

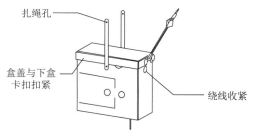

图 7.38　准备施放状态

221

第8章 电子式光学测风经纬仪

8.1 组成与结构

GYR1 型电子式光学测风经纬仪是集光、机、电于一体,用于高空风观测的便携式高空气象探测仪器(图 8.1 和图 8.2)。

图 8.1 GYR1 型电子式
光学测风经纬仪

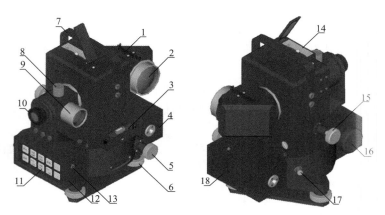

1. 瞄准器;2. 主望远镜;3. 水准器;4. 电池架;5. 方位角手轮;6. 水平调整旋钮;
7. 提手;8. 变倍手轮;9. 辅助望远镜;10. 目镜;11. 操作面板;12. 电路板盒;
13. 照明插座;14. 磁针;15. 仰角手轮;16. 喇叭;17. 通讯插座;18. 电池

图 8.2 经纬仪结构说明

8.1.1 光学望远镜系统

GYR1 型经纬仪光学系统主要由主望远镜(大物镜)、辅助望远镜(小物镜)、大反光镜、小反光镜、目镜和分划板等光学元件组成。其中主望远镜为 25 倍望远镜头,用于观测远距离的目标;辅望远镜为 5 倍望远镜,用于观测较近距离的目标,一般用于气球施放初期的观测。两种倍率的望远镜通过变倍机构转换而共同使用一个目镜组。主、辅望远镜的光路如图 8.3所示。

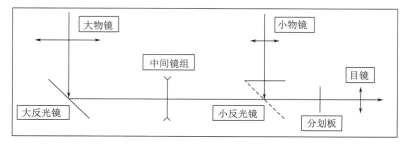

图 8.3 主、辅望远镜的光路

　　大反光镜将来自主望远镜的光线改变 90°方向,使光线沿水平轴射向目镜方向。主望远镜与中间镜组组合成具有凸透镜作用的光学镜组,调整两者之间的距离可以改变该光学镜组的复合焦距,使光线的焦点落在分划板上刻有十字坐标的位置上。

　　辅助望远镜受变倍机构的控制,使小反光镜以 45°角收或放,控制来自主、辅望远镜的光线射向目镜方向。小反光镜放下时将来自主望远镜的光线挡住,将来自辅助望远镜的光线改变 90°射向目镜方向,其光线的焦点也落在分划板上刻有十字坐标的位置上,此时由辅助望远镜和目镜组成小倍率望远镜,小反光镜收起时由主望远镜和目镜组成大倍率望远镜。

　　分划板上刻有十字坐标线,它位于主、辅望远镜和目镜的焦点附近,使得从目镜中可同时看清来自主望远镜或辅助望远镜的目标影像和十字坐标线。

8.1.2　机械转动装置

　　机械转动装置是在跟踪气球时用来调整望远镜的仰角和方位角的。仰角与方位角转动装置的工作原理是一样的,都是采用摩擦制动和蜗轮、蜗杆轮系传动的原理来实现既能"大动"(用手直接扳动物镜使角度发生大的变化),又能"小动"(调节手轮使角度发生小的变化),如图 8.4 所示。

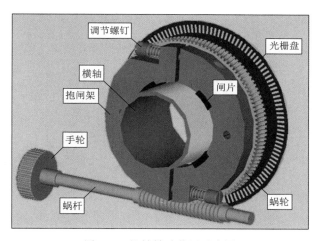

图 8.4　机械转动装置示意图

　　中心轴套为经纬仪的横轴。左右两块抱闸架通过镶嵌的四个闸片抱住横轴,由两个调节螺钉控制闸片与横轴间的松紧程度。

　　蜗轮和抱闸架固定在一起,蜗轮又与蜗杆啮合在一起。转动蜗杆时,蜗轮与抱闸架一同转动,由于闸片与横轴之间的摩擦力,使横轴跟着转动,固定在横轴上的光栅和望远镜便一同转动,这就是经纬仪的"小动"。

　　由于蜗轮、蜗杆轮系具有只能通过转动蜗杆使蜗轮转动,而蜗轮不能带蜗杆转动的特性。当用手直接扳动物镜转动时,因蜗杆不能随之转动,使得蜗轮、抱闸都不转动,横轴只有克服与闸片之间的摩擦力使物镜转动,这就是经纬仪的"大动"。

8.1.3　光栅角度传感器

　　仰角和方位角分别装有由光栅盘、红外发射和接收管等组成的角度传感器,一个水平放置,一个垂直放置,如图 8.5 所示。它们的作用是将仰角、方位角的机械角位移转换为电信号输出,如图 8.6 所示。

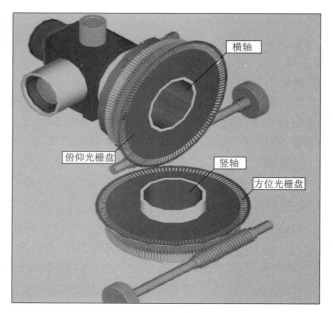

图 8.5　仰角、方位角光栅盘

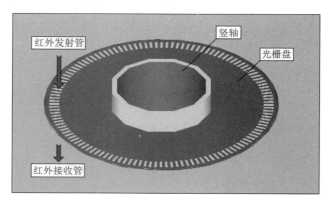

图 8.6　红外发射与接收原理图

　　光栅盘周边刻有均匀刻线,形成间隔相等的透光和不透光栅格,光栅盘面上下装有不随光栅转动的红外发射和接收管,当光栅盘转动发生角位移时,发射管的光线照射在光栅盘透光和不透光的栅格上,就会从接收管上输出近似正弦波的波形,如图 8.7 所示,从而将光栅盘转动的机械位移转换成了电信号。

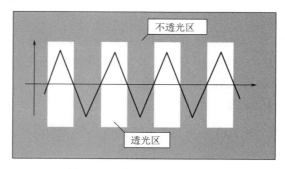

图 8.7　光栅盘信号转换原理

只要将光栅盘 360°周边等分一定数量的栅格,再对光栅盘转动位移产生出的波形进行计数,就可以计算出光栅盘所转过的角度了。

由于光栅盘无论是顺时针转动还是逆时针转动,红外接收管输出的波形都是一样的,虽然这些波形可以用来计数,但这个数实际上是没有意义的,它既可能是顺时针转动产生的,也可能是逆时针转动产生的。因此,光栅角度传感器除了要生成用于计数的波形,还必须具有辨识转动方向的功能。GYR1 型经纬仪光栅角度传感器采用的是相位判别法,即在光栅盘面的上下装有两对红外发射和接收管,在安装位置上使两对红外发射和接收管相差 90°,这样当光栅盘发生位移时,两接收管输出 A、B 两路信号,波形如图 8.8 所示。正转时 A 相超前 B 相 90°(图 8.8a),反转时 B 相超前 A 相 90°(图 8.8b),从而实现对光栅盘转动方向的判别。

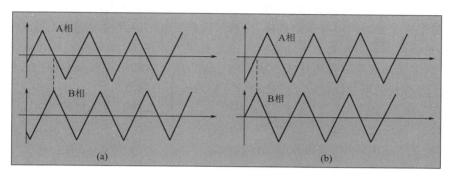

图 8.8　光栅角度传感器相位判别原理

8.1.4　角度采集与单片机电路板

GYR1 型经纬仪的电路除了仰角、方位角光栅角度传感器外,主要部件还有信号采集板和数据处理板。信号采集板主要由稳压、A/D 转换、脉冲整形和相位判别等电路组成;信号处理板主要由数据运算、储存以及语音播报等电路组成。

8.2　工作原理

当按下"开机"键开机后,经纬仪的电路就进入了工作状态,使用默认的设置,操作面板上的功能键处于待命状态。

默认设置有采样间隔和预置的方位角偏离正北的角度值(以下简称"偏正值")。在开机提示音后,会自动语音播报采样间隔。偏正值可在仰角和方位角自检后,通过按"角度"键用语音播报出来。开机后,如果超过 20 min 未对面板各键进行操作,为了保存电池的电力和防止误触发开机,经纬仪会自动关机。

开机后,只要转动经纬仪的仰角和方位角,仰角和方位角的光栅角度传感器就会不断地将其角度位移的信号送出。仰角和方位角采集电路分别会对角度传感器输出的信号进行方向判别和计数,随时追踪角度的变化。

经纬仪电路中有存储设备和一个精确的定时器,"开始观测"后定时器被启动,每到采样时间间隔,经纬仪会自动把当前的仰角和方位角记录下来,并保存在存储设备中,同时经纬仪还会把采样到的角度值通过输出电缆传给外接计算机,实现"自动读数/自动记录"。因此,为了保证观测的准确性,在采样时间点,气球必须对准在十字线,其他时间没有要求。在采样时间点前若干秒,仪器会提示"准备",采样时间点提示"嘀"。

"结束观测"后,定时器被关闭,同时也关闭了"自动读数/自动记录",这次的观测数据保存在经纬仪内部的存储设备中。

GYR1 型经纬仪提供的主要操作功能有:

(1)如果想改变采样时间间隔,在按"观测"键的同时按"开机"键开机后,只要按"+"或"-"键进行选择,选好后,按"关机"键,默认的采样间隔就被更新并存储到经纬仪内部存储芯片中了。

(2)在观测结束后如果想将经纬仪内部保存的观测数据发送到 PC 机,只要连接好经纬仪至 PC 机之间的通信线缆,按"开机"键开机后,按"传输"键,存储在经纬仪存储芯片里的观测数据将自动发送给 PC 机。

(3)如果是固定台站,建议使用经纬仪的"定向记忆功能",但务必在按下"开机"键前先调整好水平,并先将主望远镜对准固定目标物,然后再按"开机"键。因为存储记忆在经纬仪内部的方位角偏正值是固定目标物与正北之间方位角夹角的角度值,如果开机后再去对准固定目标物,那么,这时经纬仪的方位角就成了预置的方位角偏正值加上或减去经纬仪方位角所转过的角度,就不会再是固定目标物与正北之间的方位角夹角的角度值了。

此外,在自检后,按下"定向/漏球"键前不要按"+"或"-"键,否则预置的方位角角度偏正值会被改变。

如果想要重新定向,可在仰角和方位角自检后,并确定目标物方位角后,用"+"或"-"键来调整方位角的角度值。

(4)扳动望远镜和转动方位角进行的仰角和方位角自检过程,是综合检查光栅角度传感器输出的波形、电路等是否工作正常。如果没故障,仰角和方位角自检后,会发出"嘀"的提示音,如果有故障会发出"啾"的提示音。

(5)"+"或"-"键的使用

a. 在按下"开机"键后,可以用来选择采样间隔。

b. 在仰角和方位角自检后,可以用来调整方位角角度的偏正值。

c. 在按下"观测"键后,可以用来调整夜间照明的亮度。

(6)按下"定向/漏球"键,是对方位角角度偏正值进行确认和存储。如果是先对准固定目标物后,再按"开机"键开机,且没按过"+"或"-"键,此时存储的仍然是原方位角偏正值。如果经过调整,就会存储新的方位角偏正值,并成为下次开机默认的方位角偏正值。

(7)按下"观测"键后,经纬仪的时钟即被启动,并按选定的采样间隔,在采样前 3 s,发出"准备"提示语音,到采样的正点对仰角和方位角光栅角度传感器给出的角度值进行采集,组成包含有采样时间或次数、仰角和方位角角度值等数据的一组观测数据存入存储芯片中。

如果在观测中,发生丢球时,可以按"定向/漏球"键,停止数据的采集,待重新抓到球时,再按"定向/漏球"按键,恢复对数据的自动采集。

(8)在观测中,按"复读"键,可以播报前一采样点的观测时间、仰角、方位角(此功能不支持 10″和 15″的采样间隔)。

(9)按下"终止"键后,程序关闭时钟,停止对仰角和方位角角度值的采集。

(10)按下"关机"键,经纬仪电路停止运行,所有设置和观测数据即被自动锁存无法更改,直到下次开机运行。

GYR1 型经纬仪采用先进的光栅编码和计算机技术,能自动定时采集气球的仰角、方位角数据,观测结果不但自动存储,还可用语音播报,也可以通过经纬仪的输出接口用通信线缆将采集的数据传输到 PC 机。连接的通信线缆长度可达 100 m,数据都可正常传输,不会出现漏码或错码。

在通信线缆从经纬仪输出接口连接到 PC 机串口的状态下,在观测过程中实时把观测数据传输给 PC 机,利用 PC 机中安装的"GYR1 型光学测风经纬仪数据处理系统"程序,可以直接根据仰角、方位角等数据计算出风向、风速等高空风资料,并能进行显示,如图 8.9 所示,从而使经纬仪的使用只要观测员人工操作经纬仪跟踪气球,其他从数据采集到数据处理等工作全部实现自动化。

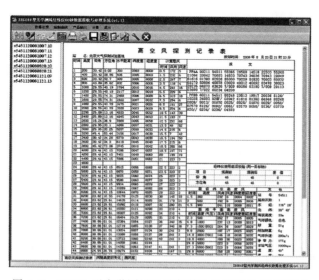

图 8.9　GYR1 型光学测风经纬仪数据处理软件运行界面

8.3　操作使用

8.3.1　观测前准备

(1)经纬仪的架设

① 架设伸缩式三脚架时,三条腿抽出的长度要适中,架设高度要与观测者的身高相适应。一般情况下,三脚架直立时应与观测者的下巴同高,当三脚架撑开时,架高应位于观测者第三颗扣子上下。

② 三条腿抽出后要把固定螺旋拧紧,防止因螺旋未拧紧使脚架自行收缩而摔坏经纬仪。三条腿分开的跨度要适中,应成等边三角形,每边约 1 m。

③ 三脚架顶部平台要基本水平,有利于经纬仪的水平调整。

④ 三脚架架设稳固后,要立即旋紧经纬仪和脚架间的中心螺旋,预防因忘记拧上连接螺旋或拧得不紧而摔坏仪器。

(2)水平调整

经纬仪水平调整的好坏直接影响其测角的准确度,必须仔细调整。正常情况下,调整经纬仪水平,是通过旋转水平调整旋钮,同时观察水准器中气泡位置来实现的(图 8.10 和图 8.11)。

(3)定向

经纬仪方位角定向所采用的方法为北极星法、固定目标物法和磁针法。

227

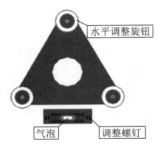

图 8.10 水准器安装位置

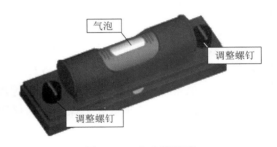

图 8.11 水准器外形

① 北极星法

北极星定向的操作流程：架设经纬仪—水平调整—开机—自检—对准北极星—调整方位角度值—结束定向。

② 固定目标物法

固定目标物定向的方法与北极星定向的方法差不多，因为北极星本身就可以看成是一固定目标物，只不过要在经纬仪里预置一个方位角偏正值：如果固定目标物在正北的东边，则方位角偏正值＝方位角夹角 α 值；如果固定目标物在正北的西边，则方位角偏正值＝360°－方位角夹角 α 值。

操作流程：架设经纬仪—水平调整—开机—自检—对准固定目标物—调整方位角角度值—结束定向—观测。

8.3.2 观测操作

(1)实施观测的操作流程

架设经纬仪—水平调整—对准固定目标物—开机—自检—定向—测定参考物坐标—开始观测—结束观测—复测参考物坐标—关机。

(2)经纬仪仰角和方位角器差检查

仰角和方位角器差主要是光学轴与机械轴之间的位置发生微小变化，造成不重合所致。GYR1 型经纬仪的器差准确度要求是：方位角器差≤0.5°；仰角器差≤0.3°。如果方位角器差＞0.5°或仰角器差＞0.3°应返厂校正。

仰角和方位角器差检查的操作流程：

① 架设经纬仪，调整好水平。

② 按下"开机"键开机，扳动物镜和方位角进行仰角、方位角自检。

③ 按下"定向/漏球"键，结束定向。

④ 将物镜转至大物镜，转动仰角、方位角手轮，使固定目标物影像落在分划板十字线中心。

⑤ 按下"角度"键，读取并记录方位角和仰角的角度值。

⑥ 将经纬仪方位角转动 180°，再转动仰角使固定目标物影像再次落在分划板十字线中心。

⑧ 按下"角度"键，再次读取并记录方位角和仰角的角度值。

⑨ 计算

a. 仰角器差计算

$$仰角器差＝[180°－(第一次仰角读数＋第二次仰角读数)]/2$$

b. 方位角器差计算

当方位角角度值第一次读数小于第二次读数时：

方位角器差＝[(第二次方位角读数－第一次方位角读数)－180°]/2

当方位角角度值第一次读数大于第二次读数时：

方位角器差＝[180°－(第一次方位角读数－第二次方位角读数)]/2

(3)经纬仪提拿方法

经纬仪提拿方法见图 8.12 至图 8.15。

图 8.12　手扶经纬仪提把

图 8.13　手扶经纬仪基座

图 8.14　提拿物镜的错误做法

图 8.15　提拿经纬仪的正确方法

8.3.3　经纬仪的使用技巧

(1)经纬仪的一键传输功能

实施数据传输的操作流程:连接通信线缆—开启 PC 机并打开应用程序—经纬仪开机—传输—保存(图 8.16)。

(2)经纬仪的定向记忆功能

GYR1 型经纬仪具有定向记忆功能,特别适用于一次架设、长期使用的气象台站。经首次定向调整设定后,只要不搬动或重新架设经纬仪,无须再进行定向设置和操作。实施放球前,只要按如下操作流程即可:对准固定目标物—开机—自检—结束定向—等待放球。

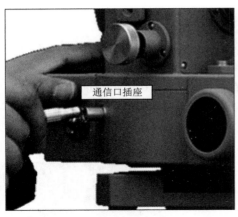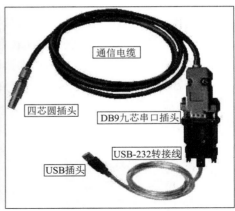

图 8.16　经纬仪通信插座和转接线

（3）电池报警功能

一般情况电池电压降到 5.7 V 以下就会发生不自检的现象；当电池电压降到 5.5 V 以下就可能开不了机。

当电池电压降到一定程度，即将影响经纬仪正常工作时，会有语音"请更换电池"的报警提示，放球结束后应及时予以充电。电池拆卸示意图见图 8.17。

GYR1 型经纬仪电池的欠压报警，在设计时已留有充分的富余量，在第一次报警后仍有足够的电力维持经纬仪工作数小时，至少可放一个球。

图 8.17　电池拆卸示意图

第9章　自动放球系统

高空气象观测站通过人工进行探空气球施放时,探空员首先要进行充灌气球,之后要进行探空仪基测和数据录入以及探空仪合格性的检查,最后要将合格的探空仪与气球进行连接进行人工施放。由于涉氢作业频繁,所有过程均需要2名观测人员密切配合操作。北方地区春秋两季干燥、风大,易产生静电,观测人员在气球充灌和施放过程中具有较大的安全隐患。同时,在大风天气下施放气球非常困难,容易造成迟测或缺测,影响正常业务工作。

9.1　GPF1型自动放球系统

9.1.1　概述

GPF1型自动放球系统(以下简称"系统")是自动实施放球的装置,是南京大桥机器有限公司针对目前业务用L波段探空系统研制的辅助系统,该系统通过计算机控制一套机械装置代替复杂的人工操作,实现从探空气球充气到探空气球携带探空仪施放全过程的自动化、无人化,使探空气球准备由复杂的人工操作改为一键式计算机操作。系统实物图如图9.1所示。

自动放球系统的主要仪器、装置等置于一个方舱内,方舱被分隔为探空气球施放室、电器控制室和气体控制室,地面自动测风仪置于方舱的上方。系统的控制计算机置于高空气象观测台站的雷达工作室内。

图9.1　GPF1型自动放球系统实物图

方舱内的仪器设备主要包括自动充气装置、自动放球装置、随动挡风屏、汇流集、视频摄像机、电气控制箱、驱动箱、网络交换机及配电箱、空调、UPS电源、进线盒、避雷装置等。

9.1.2　放球操作

雷达工作室内的控制计算机安装有控制程序及视频监控软件,控制计算机与自动放球系统和L波段探空雷达计算机联网。操作步骤如下:

(1)值班员将基测合格的探空仪在气球施放室内完成安装。

(2)值班员打开控制计算机,并按下"充球开始"键,充气装置自动按已设置的充气量对探空气球进行充气直到充气完成,同时可通过视频监控系统观察到探空气球充气的全过程。

(3)在定时放球前按下"放球准备"键后,顶盖自动随地面气象仪测到的风向旋转到迎风方向打开。

(4)按下雷达计算机的"放球"键,控制计算机也同时得到"放球"指令,并将探空气球释放出去。

(5)当探空气球升空后,系统顶盖自动闭合并复位到原始状态,等待下一次放球操作。

控制计算机带2个显示器,一个显示控制界面(图9.2),另一个显示视频监控界面。

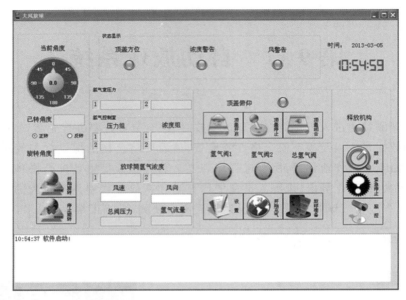

图 9.2　软件控制界面

9.1.3　用氢操作

(1)对于氢气气源为水电解制氢的台站

① 开机前对供氢系统的准备

• 检查制氢房贮氢罐里氢气压力,确保压力>0.62 MPa;

• 打开制氢房送往设备氢气管路上的截止阀。

② 开机后对供氢系统的检查

在设备软件操作界面上观察:

• 氢气室氢气压力 1(或 2)应与制氢房贮氢罐里氢气压力相等;

• 氢气控制室氢气压力 1(或 2)应为 0.25~0.5 MPa;

• 总阀压力应为 0.1~0.15 MPa;

• 氢气控制室的氢气浓度<500 ppm*;

• 放球室在气球充气时的氢气浓度<650 ppm。

③ 放球完成后对供氢系统的操作

关闭制氢房送往设备氢气管路上的截止阀。

(2)对于氢气气源为购氢的台站

① 开机前对供氢系统的准备

• 检查确保贮氢房每组汇流排未接入氢气瓶的气路上的截止阀处于关闭状态;

• 打开氢气瓶截止阀;

• 打开接入氢气瓶气路上的截止阀(接有氢气瓶的);

• 检查每组汇流排上减压阀上输出氢气压力,确保压力<2~4 MPa;

• 检查确保贮氢房氢气管路上没有氢气泄漏。

---

* 1 ppm$=10^{-6}$,余同

注意:每组汇流排最多只许接入两瓶氢气!

② 开机后对供氢系统的检查

在设备软件操作界面上观察:

- 氢气室氢气压力 1、2 应与贮氢房输出氢气压力相等;
- 氢气控制室氢气压力 1、2 应在 0.25~0.5 MPa;
- 总阀压力应为 0.1~0.15 MPa;
- 氢气控制室的氢气浓度<500 ppm;
- 放球室在气球充气时的氢气浓度<650 ppm。

③ 放球完成后对供氢系统的操作

- 关闭贮氢房氢气瓶上的截止阀;
- 关闭贮氢房接入氢气瓶气路上到截止阀。

9.1.4　常规维护

(1)输氢管道检查

- 打开设备操作软件,并对自动放球设备所有部分通电,但尚未对供氢系统做开机前准备;
- 检查氢气室氢气压力 1、2(每天早晨开机时),将其与上次关机前记下的值比较(前一天晚上关机前),其差值小于 15%;
- 检查总阀压力,将其与上次关机前记下的值比较(前一天晚上关机前),其差值小于 15%;
- 如果超出差值,应立即对相应管道及仪表进行检漏,并消除漏点;
- 检查及处理结果每日记录在表;
- 每三个月,对所有检漏点检查一遍;
- 每年应对整个输氢管道上的接地端接地电阻至少做一次检测。

(2)减压阀、压力传感器检查

- 检查氢气房减压阀 1、2,氢气室减压阀 1、2,总减压阀;
- 检查氢气室压力传感器 1、2,控制室压力传感器 1、2,总压力传感器;
- 对已损坏的减压阀、压力传感器及时报修;
- 检查及处理结果记录在表。

(3)易损件的更换

- 按易损件汇总表对使用满 10 个月的提出申请;
- 按易损件汇总表对使用满一年的进行更换。

(4)仪器定期计量

- 按仪器定期计量汇总表对使用满 10 个月的提出计量申请;
- 按仪器定期计量汇总表对使用满一年的仪器进行计量。

(5)更换 H2 浓度传感器

- 工作舱内,关闭监控分机电源;
- 汇流集处,旋下左右 2 只 H2 浓度传感器插头,分别拆下接地线,用活动扳手卸下传感器下方的 2 颗外六角紧固螺钉,替换上新的传感器,并将插头接上;
- 放球舱内,旋下左右 2 只 H2 浓度传感器插头,分别拆下接地线,用内六角扳手卸下背板上的 4 颗内六角紧固螺钉,替换上新的传感器,并将插头接上;

- 安装传感器(表9.1);

表 9.1　传感器安装位置

汇流集	1号传感器安于左
	2号传感器安于右
放球舱	3号传感器安于左
	4号传感器安于右

- 待传感器全部安装完毕,打开监控分机电源,软件上"电源控制"菜单里,给"H2浓度传感器"加电;
- 分别检查传感器表头读数和软件界面传感器读数,初始化后是否显示正常;
- 用气球或其他容器取少量氢气,分别喷于传感器下方探头处,分别检查传感器表头读数和软件界面传感器读数,是否能检测到氢气泄露。

9.1.5　注意事项

- 非值班人员进入自动放球设备时,应征得值班人员同意后,履行自动放球设备出入登记手续方可进入,禁止无关人员进入自动放球设备区域。
- 进入自动放球设备时,将火种放入火种箱内,关掉无线通信工具电源,手摸门口静电释放器进行放电。
- 工作人员不准穿合成纤维或毛料工作服进入放球仓,必须穿防静电服,严禁穿钉鞋。
- 应使用肥皂水或氢气泄露报警仪进行氢气系统严密性检查。
- 氢气系统的阀门,开关时应缓慢进行,严禁急剧操作、排放,以免发生自燃爆炸。
- 氢和氧混合有爆炸危险,其下限为氢5%、氧95%;上限为氢94.3%、氧5.7%。氢和空气混合也有爆炸危险,其下限为氢4.1%、空气95.9%,上限为氢74.2%、空气25.8%。
- 氢气管道冻结,只能用蒸汽或热水解冻,严禁用火烤。
- 油脂类不得与氢气管路、设施接触。进行调整维护时,手和衣服不应沾有油脂,氢气管路运行中进行检修工作,应使用铜制工具。
- 自动放球设备周围应设有围栏,并备有必要的消防设备。有关人员应熟悉氢气的特性,熟练掌握灭火技能。
- 禁止自动放球设备附近进行明火作业或能产生火花的工作。若必须进行此项工作,必须制定应急措施并经负责安全的领导批准后方可工作。工作区域空气中含氢量必须小于3%。
- 自动放球设备着火时应立即停止电气设备运行,切断电源,排除系统压力,用二氧化碳灭火器灭火。由于漏氢而着火时应用二氧化碳灭火并用石棉布密封漏氢处使氢气不逸出,或采用其他方法断绝气源。
- 氢系统压力表、减压阀、氢气泄漏报警器等应进行定期校验,保证其测量准确。减压阀上的安全装置应定期校验,保证动作正确及时。
- 自动放球设备(包括输氢系统管道)进行检修时,必须将检修部分隔离,加装严密的堵板,并将氢气置换成空气。
- 中国气象局制定的《气象业务氢气作业安全技术规范》(QX 33—2005)均适合本设备用氢规范。
- 未经培训人员不得操作此设备。

• 操作时所用扳手必须是铜制的。

9.2　LTL(3)型无线智能同步放球系统

9.2.1　概述

LTL(3)型无线智能同步放球系统是内蒙古巴彦淖尔市临河区气象局自主研发的一套气象探空气球自动释放机电一体化专用设备,并在内蒙古多个高空气象观测站投入业务应用。该系统可作为放球系统的备份设备,其结构可分为室外机和室内机两部分(图 9.3)。配备遥控系统的发射、接收和计算机启动装置。

图 9.3　室外机和室内机实物图

9.2.2　工作原理

该系统采用数字化双向信息传输技术,单片机核心协调与控制整机,其工作流程图见图 9.4 和图 9.5。

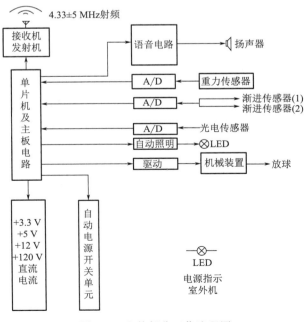

图 9.4　室外部分工作流程图

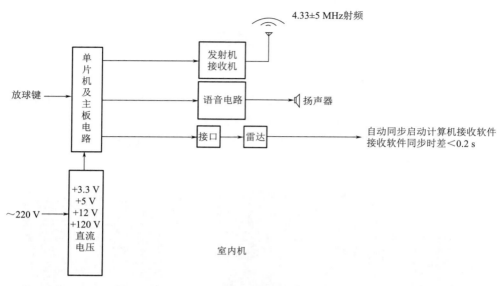

图 9.5　室内部分工作流程图

　　室外机平时处于待机状态,单片机时刻对外围传感器进行访问扫描,执行相应的动作、完成相应的任务。

　　气球挂装过程中的每一步都会有准确的语音报告,完成挂装 3 s 后系统通过压力传感器感受到气球向上的压力,自动打开工作主电源并语音告知"准备就绪,等待放球"。此时根据周围光线亮度开关探空仪照射灯;当接收到室内机发来的放球指令时,系统会对外设各单元进行正确的判断,无误后指令机械设备动作,完成放球(如有误则放弃放球),在完成放球后,CPU 经识别向室内发出接收软件启动指令(注:气球释放到计算机软件自动启动的滞后时间<0.2 s)。完成放球 3 s 后系统自动关闭工作主电源(包括照射灯),等待下一个时次的放球。

　　室内机同样由单片机与软件构成,向室外机发送放球指令、接收室外机发来的软件启动指令,并通过与雷达的接口电路启动计算机的接收软件。

9.2.3　性能特点

　　采用双向收发模块,可在气球施放的同时同步启动计算机的放球键;具有全程语音提示,确保气球施放顺利进行;电源开启和关闭完全智能化;可根据环境的明亮程度,实现照明系统的自动开启或关闭;系统远程遥控有效距离大于 500 m,抗干扰能力强;系统智能化、自动化程度高,寿命长,使用简单易操控,方便可靠。

主要参考文献

安克武,黄晓,秦荣茂,2020.L波段探空雷达维护维修测试技术[M].北京:气象出版社.

广东省气象探测数据中心,2017.L波段探空雷达[M].北京:气象出版社.

潘志祥,2013.高空气象观测[M].北京:气象出版社.

中国气象局,2010.常规高空气象观测业务规范[M].北京:气象出版社.

中国气象局监测网络司,2005.L波段(1型)高空气象探测系统业务操作手册[M].北京:气象出版社.

中国气象局综合观测司,2018.L波段探空雷达维修手册[M].北京:气象出版社.